大数据智能分析

主　编　赵燕清　朱世伟　于俊凤

科学技术文献出版社
SCIENTIFIC AND TECHNICAL DOCUMENTATION PRESS
·北京·

图书在版编目（CIP）数据

大数据智能分析 / 赵燕清，朱世伟，于俊凤主编. —北京：科学技术文献出版社，2023.5（2025.2重印）

ISBN 978-7-5235-0318-8

Ⅰ.①大… Ⅱ.①赵… ②朱… ③于… Ⅲ.①数据处理 Ⅳ.① TP274

中国国家版本馆 CIP 数据核字（2023）第 099228 号

大数据智能分析

策划编辑：张 丹 责任编辑：孙江莉 责任校对：张永霞 责任出版：张志平

出 版 者	科学技术文献出版社	
地 址	北京市复兴路15号 邮编 100038	
编 务 部	(010) 58882938，58882087（传真）	
发 行 部	(010) 58882868，58882870（传真）	
邮 购 部	(010) 58882873	
官 方 网 址	www.stdp.com.cn	
发 行 者	科学技术文献出版社发行 全国各地新华书店经销	
印 刷 者	北京虎彩文化传播有限公司	
版 次	2023 年 5 月第 1 版 2025 年 2 月第 3 次印刷	
开 本	710×1000 1/16	
字 数	152千	
印 张	9	
书 号	ISBN 978-7-5235-0318-8	
定 价	78.00元	

前　言

目前，"大数据"（Big Data）的应用在科学技术的各个领域发挥着越来越大的作用[1]。曾经参与处理、聚合、分析数据集的专家，解决数据集数量增长、动态、可变性引起问题的专家，如今均被称为"数据科学家"（Data Scientists），相应地，这一科学被称为数据科学[2]。

为何数据量成为了一个问题？随着计算机的速度越来越快，内存容量越来越大，数据量也在增长。事实上，数据的增长甚至超过了计算机运行速度的增长，很少有算法会随着输入数据的增长而线性换算。简言之，数据的增长速度超过了我们处理数据的能力。因此，数据量的增长速度快于处理数据的能力。由此产生了一系列后果。

- 一些过去行之有效的方法和技术现在需要修改或替换，因为它们不能适应当今的数据量。
- 算法不能假定内存可以容下所有的原始数据。
- 数据管理本身正成为一项非同小可的任务。
- 集群或多核处理器的应用正在成为一种必需品，而非奢侈品。

大数据是一个描述许多数据集的术语，这些数据集是如此庞大和复杂，以至于无法使用现有的传统数据库管理工具和应用程序来处理它们。问题是如何收集、清理、存储、搜索、访问、传输、分析和可视化这些数据集，使之成为完整的实体而不是局部的碎片。

大数据一词首次出现在 *Nature* 杂志编辑克利福德·林奇（Clifford Lynch）2008 年 9 月 3 日的一篇文章中，他用一整期杂志专刊讨论了"大数据集对现代科学可能意味着什么"的主题。林奇将每天超过 150 GB 的任何异构数据集归为大数据，但迄今为止大数据仍然没有统一的标准。

人们指出"三个 V"作为大数据主要特征：体积（Volume，指物理体积）、速度（Velocity，指增长速度和对高速处理以获取结果的需求），多样性（Variety，指同时处理各种类型的结构化和半结构化数据的能力）。

文献中出现了一些带有附加字母 V 的变体：（Veracity——可靠性，Viability——活力，Value——价值，Variability——变性，以及 Visualization——可视化）。在所有情况下，这些特点都强调大数据的主要特征不仅是其物理体积，还有关于处理和分析数据任务复杂性概念的至关重要的其他类别。

目前，大数据一词已经生根发芽，并达到了使用高峰。时间已证实将大数据作为一种个别现象来强调的正确性。如今，根据 Gartner 机构的研究结果，大数据一词已经越过了著名的 Gartner Hype Cycle 模型的顶峰（图 1）。

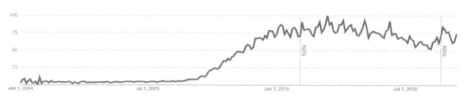

图 1　"大数据"查询的动态变化

数据来源：用户向 Google 系统提出查询"大数据"一词请求的统计数据（Google 趋势服务，https：//trends.google.com/）。

大数据方向的发展与 Web 空间和社交媒体的发展有关，尽管大数据是电信、能源、运输等行业所固有的。

大多数组织的最大 IT 供应商在其业务战略中使用了大数据的概念，包括 IBM、甲骨文、微软、惠普、EMC，而主要的 IT 市场分析师们对这一概念进行了专门研究。

本书讨论了当今利用大数据开展项目所需的基本的、最常见的技术和工具，特别是在对互联网信息进行内容监控时创建的现代信息分析系统（IAS）。本书介绍了用于国际会计准则组件的主要技术解决方案，如：

——信息收集服务器，即提供匿名信息收集的信息代理，位于外部数据中心（该服务器一方面是为了向企业网络用户提供可靠的服务；另一方面可以提供与类似外部服务器的数据交换）。它可以根据管理员定义的场景直接从互联网资源或通过中介信息聚合器检索数据。

——分析服务器（该服务器对信息进行分析处理和信息检索。在服务器的帮助下，历史信息的数据库得到维护。信息的分析处理包括：概念提取，地理信息支持，信息基调识别，信息生成，信息动态分析，预测，信息源阵列分析等）。

——接口服务器（一个网络服务器，终端用户可以通过网络浏览器、各种聚合器或通过应用 API 访问系统资源）。

该系统的组成部分在书中有所描述，其基础是网络信息扫描模块；

Elasticsearch 信息检索系统；Kibana 体现；Neo4j 图数据库管理系统；基于 JavaScript 的结果可视化工具等技术组件。因此，这种系统将提供以下功能。

——形成特定信息资源的数据库。

——建立特定信息资源的数据库。

——全文检索；分析文本信息。

——数据的分析和可视化，包括对专题信息流的动态研究；根据对出版物动态的分析，对发展进行预测等。

本书讨论了以下问题：

——数据分析技术的可能性和科学方法的应用，包括数据挖掘方法在大数据中的应用。

——构建和部署大数据处理系统时架构解决方案的特点，以及大数据存储和处理技术的选择，使用现代高性能大数据存储和处理系统。

——使用大数据的主要技术和工具：Elastic Stack、Elasticsearch、Kibana、Neo4j、MongoDB。

——在分布式大数据信息系统中运行所需的软件组件。

Elastic Stack 组件生态系统被看作是聚合大量非结构化数据、搜索数据、可视化处理的主要手段 [3]。

Elasticsearch[4] 是一个信息搜索引擎，它是 Elastic Stack 的核心，使得非结构化数据处理、信息搜索、数据分析得以实现，为用户程序库和 REST API 提供支持；易于管理和换算。Kibana 实用程序是 Elastic Stack 中的一个窗口，是一种信息操作、分析和可视化工具，可以实现来自 Elasticsearch 的数据显示，如柱状图、地图、线图、时间序列。

用于分析大型网络、图形数据库管理系统（DBMS）的工具需在此特别说明，我们考虑了两个主要系统的能力——图分析与可视化软件 Gephi 和图数据库管理系统 Neo4j。软件 Gephi 的特点包括用户界面、图布局能力、过滤、数据研究、可视化以及对图形数据格式的支持。Neo4j 图数据库管理系统可存储和处理大量网络数据，并包含声明式的图查询语言 Cypher。

综上所述，本书主要介绍信息技术聚合与分析的理论和技术基础。

目　录

1　大数据技术

大数据技术人员

首先，让我们列出对数据的功能操作、存储和处理它们的方法。虽然这份清单没有详尽无遗列出各种动态发展的技术，但可以让你明白如何使用大数据来实现研究人员的目标。

- 数据合并；
- 分类，聚类；
- 机器学习；
- 可视化。

数据合并

这是一整套技术，旨在从不同来源提取数据，确保数据质量，将其转换为单一格式，并将其加载到数据仓库——"分析沙盒"或"数据湖"中。数据合并技术因系统执行的分析类型而异：

- 批量分析（Batch Oriented）；
- 实时分析（Real Time Oriented）；
- 混合分析（Hybrid）。

在批量分析中，定期从各种来源卸载数据，分析数据是否存在故障、噪声并对数据进行过滤。在进行实时分析时，数据是由源连续产生的，并形成一组数据流。分析这些线程并以给定的速度及时获得结果则需要以某些消息的形式异步接收数据，并将这些消息路由到所需的处理节点进行处理。对于混合分析，作为规则，数据消息不仅应该路由进行处理，而且还应该集成到分析沙箱中，以便根据在相当长的时间间隔内积累数据的结果进行进一步处理。合并产生的数据必须符合某些质量标准。数据质量是决定数据全面性、准确性、相关性和可解释性的标准，数据质量可以是高的，也可以是低的。高质量的数据是完整、准确、可解释的最新数据。这些数据提供了一种高质量的产出标准：能够支持决策的知识。定义整合的流程的完整性称为ETL——提取—转换—加载（Extraction–Transformation–Loading）。在商业智能应用中，ETL 流程中包含了非常复杂的数据转换。比如量化，可以减少处理的数据量；规范化，是将关系表简化为规范视图或将数值数据简化为单一规模的过程；数据编码，则是引入唯一的代码来压缩数据。在大数据技术中，人们通常认为需要直接处理脏数据，因为通常会分析故障的性质，而数据压缩是分析算法本身的功能。分析系统的技术手段应提供以原始形式存储数据的能力。大数据的质量通常很难用形式化算法的方法来评估，然后在研究的早期阶段就诉诸可视化。除了评估质量和选择预处理方法外，可视化还可以帮助你进入分析的重要阶段——选择模型、假设以实现最终目标——决策。

可视化

可视化技术是一种强有力的数据挖掘方法，一般用于模型建立前和预测生成后对数据进行浏览和验证。可视化是将数字数据转化为可视化表示，使大型信息集更容易理解。可视化器用于实现可视化。可视化器既可以是单独的应用程序，也可以是插件或另一个应用程序的一部分。可视化器的功能非常广泛。现在，只要分析者能够提出他想要看到的内容，可视化器就可以提供所有可以想象的形式的信息。

文本可视化

如果数据是自然语言文本，那么使用标记文本的可视化可以作为分析的初步辅助手段。可视化器计算特定单词的引用频率，并根据该频率为单词分配条件权重。在可视化过程中，不同权重的单词具有不同的标记，这意味着在屏幕上的呈现不同。有些词看起来比其他词更大。这类可视化有助于研究者非常迅速地掌握文本的主要思想。

集群可视化

常用的可视化之一是集群可视化。集群被称为具有类似或类似属性的对象的组。聚类算法，即把一组对象分成若干组，我们将在后面讨论，这里我们只展示它们的操作是如何可视化的。大多数可视化器都支持聚类算法，并且能够将数据划分为多个集群。通常情况下，对于来自不同聚类的对象，会使用对比强烈的颜色来进行聚类的可视化表达。

关联可视化

关联可视化显示了数据集中某些元素一起出现的频率，从而确定了数据组织的结构（例如，我们可以讨论哪些产品经常一起销售）。数据关联强度信息的可视化也是可能的。

预警可视化

预警的可视化可展示信息的规律性。信息在不同的可视化器中呈现的方式是不同的。例如，如果三维饼图的行显示分类器使用的特征，那么每个饼图都反映特征的大小或值范围适合分类的概率。

决策树可视化

决策树可视化允许将分层组织的信息呈现为景观，并将所有或部分数据集以节点和分支的形式浏览。景观既可以是二维的，也可以是三维的。数据的数量特征和关系特征通过分层连接的节点得以显现。

分类

分类技术是大数据挖掘的基本技术之一，它经常与另一种技术——聚类技术一起用于分析系统模型的构建。分类是根据特征相似性将研究对象（观察、事件）归入预先确定的类别。与分类不同，聚类是将对象（观察、事件）分布到预先未知的类别中。分类是根据监督机器学习原理进行的。为了使用数学方法进行分类，必须对可以使用数学分类机操作的对象进行形式化描述。每个对象（数据库记录）都必须包含有关对象的一些特征的信息。

分类过程一般分为以下步骤：

（1）原始数据集（或数据样本）分为两个集：训练集和测试集。训练集是一个包含用于构建模型的数据的集合。该集合包含示例的输入和输出（目标）值。输出值是用来训练模型的。测试集还包含示例的输入和输出值。这里用输出值来验证模型。

（2）数据集中的每个对象都属于一个预定义的类。在这个阶段，使用训练集，并在其上进行模型构建。所得模型用分类规则、决策树或数学公式表示。

（3）评估模型的正确性。测试集的已知值与使用所得模型的结果进行比较。准确度的计算结果是——测试集中正确分类对象的百分比。

聚类

聚类技术是在事先不知道任何可用对象应归入哪个类的情况下对数据进行分类的一种方法。聚类是通过自动找到需将分析对象分解成的组来实现的。这样的过程可以被视为无监督机器学习（Unsupervised Machine Learning）。超过 100 种不同的算法是已知的。

机器学习

"机器学习"这个词很可能不止一次地出现在你面前。虽然它经常被用作人工智能的同义词，但实际上机器学习只是其中的一个要素。同时，这两个概念都诞生于 20 世纪 50 年代后期的麻省理工学院。

机器学习（Machine Learning，ML）是一类人工智能方法，其特点不是直接解决问题，而是在许多类似问题的解决方案的应用过程中学习。为了构建此类方法，使用了数理统计、数值方法、优化方法、概率论、图论以及以数字形式处理数据的各种技术。

机器学习有两种类型：示例学习和演绎学习。

示例学习，或归纳学习，是基于对数据中经验规律的揭示。

演绎学习涉及将专家的知识形式化并以知识库的形式转移到计算机中。

演绎学习通常被归类为专家系统领域，因此机器学习和示例学习这两个术语可以被视为同义词。

许多归纳学习方法已被开发为经典统计方法的替代方法。许多方法与信息提取（Information Extraction，Information Retrieval）、数据挖掘（Data Mining）密切相关。

与传统软件不同，传统软件在执行指令方面做得很好，但无法即兴发挥，机器学习系统本质上是自己编程，通过总结已知信息独立开发指令。

一个典型的例子是模式识别。向机器学习系统展示足够数量的标记为"狗"的小狗图片，以及标记为"非狗"的猫、树和其他物体图片，随着时间的推移，它最终会变得擅长区分狗。而且机器不需要被告知它们到底长什么样子。

有教师和无教师的学习（监督和无监督学习）

如果考虑有老师（监督）类型的机器学习。这意味着有人将算法引入了大量的训练数据，查看结果并调整设置，直到在对系统尚未"见过"的数据进行分类时达到预期的准确性。这与在邮件程序中单击"不要垃圾邮件"按钮一样，过滤器无意中截获了你需要的邮件。这样做的次数越多，过滤器就会变得越精确。

监督学习的典型任务是分类和预测（或回归分析）。识别垃圾邮件和图像是分类任务，而预测股票价格是回归的典型例子。

在无监督学习中（没有老师的情况下），系统会查看大量数据，记住"正常"数据是什么样子，以便能够识别异常情况和隐藏模式。当你不知道自己在寻找什么时，无监督的学习很有用——在这种情况下，可以让系统帮助你。

无监督学习系统可以比人类更快地发现海量数据中的模式。这就是为什么银行使用它们来识别欺诈交易，营销人员用它们来识别具有类似属性的客户，以及安全软件用它们来识别网络上的恶意活动的原因。

无监督学习任务的示例是聚类和关联规则搜索。前者特别应用于客户细分，推荐机制基于关联规则搜索。

机器学习方法

机器学习这一节将从两方面展开论述。一方面是神经网络科学，讲述神经网络学习方法和神经网络结构的拓扑类型；另一方面是数理统计方法。下面列出的机器学习方法从使用神经网络的情况出发，尽管还有其他使用训练样本概念的方法——例如，使用广义方差和协方差的判别分析，观察到的统计数据，或贝叶斯分类器。基本类型的神经网络，例如感知器和多层感知器（及其修改版），可以在有老师和无老师的情况下进行训练，并进行强化和自组织。但一些神经网络和大多数统计方法只能归结为其中一种学习方式。因此，如果需要根据学习方式对机器学习方法进行分类，将神经网络归类为某种类型是不正确的，对神经网络的学习算法进行类型化会更正确。

• 与老师一起学习——对于每个示例，都会设置一对"情况，所需的解决方案"。

• 在没有老师的情况下学习——对于每个示例只给出一个"情况"，需要将物体分组到集群中，使用关于物体成对相似性的数据，和（或）降低数据的维度。

• 主动学习的不同之处在于，所学习的算法能够独立分配于下一个所研究的情况，在此情况下将知道正确答案。

• 半监督学习（Semi-supervised Learning）——对于部分示例，设置一对"情况，所需的解决方案"，对于部分示例仅设置"情况"。

• 归纳学习——在教师部分参与的情况下进行学习，此时应该只对测试样本中的示例进行预测。

• 多任务学习（Multiple-instance Learning）——同时学习一组相互关联的任务，每项任务都被赋予不同的"情况，所需解决方案"对。

• 多示例学习（Multiple-instance Learning）——当示例可能被组合成组时的训练，每个组的所有示例都有一个"情况"，但对于其中的一个（而且不知道是哪个），有一对 "情况，需要解决方案"。

• Boosting 是顺序构建机器学习算法组合的过程，其中每个下一个算法都试图弥补所有之前算法组合的缺陷。

• 贝叶斯网络。

机器学习算法需要数据，从尽可能广泛的来源获得尽可能多的数据。他们对这些数据的 "反馈" 越多，他们就变得越 "聪明"，决策潜力就越大。而云计算提供了这种大数据。

大数据有望让我们在数字化转型过程中找到很多价值，而云计算则为这一过程提供了基石。机器学习则成为第一个真正的工业工具，可以大规模地利用这些新价值。机器学习的吸引力在于，它的可能性几乎是无限的。它可以应用于很需要快速数据分析的任何地方，可以应用于非常需要识别大型数据集的趋势或异常情况的任何地方——从临床研究到安全性、合规性，它可以产生革命性的效果。

机器学习的局限性

每个机器学习系统都创建了自己的链接模式，就像一个黑匣子。你无法通过工程分析确切地找出分类是如何进行的，但这并不重要，主要是它起作用。

然而，一个机器学习系统的好坏取决于训练数据：如果你给它输入"垃圾"，那么结果也会一样。当训练不正确或训练样本量太小时，算法可能会产生错误的结果。

大数据技术

我们将研究当今已知项目中最常见的基本技术和工具。这份清单并没有详尽列出所有经过验证的技术，更不用说正在开发的技术了，但它提供了一个相当全面的概念，说明数据研究人员如今正在使用什么，以及需要拥有哪些工具来部署一个大数据项目。

大数据技术应提供解决方案和工具，使上述技术能够以必要的速度在大量异构数据上实施。这是通过计算的高度并行和数据的分布式存储来实现的。尽管需要大量的计算能力和内存，但通常情况下，大数据软件产品的部署是在中档甚至低档计算机（Commodity Computers）的集群上进行的。这使得在不涉及大量成本的情况下扩展大数据系统成为可能。最近，云服务（Cloud Computing Services）被越来越多地应用于大数据系统的部署。在云上实现系统的情况下，计算集群节点在云基础设施虚拟机上实现，并灵活适应任务，降低了使用成本。这进一步吸引了众多开发者在云平台上构建大数据系统。

最受欢迎的大数据技术，被认为是构建以批处理模式运行的分析系统的事实标准，是一个以 Hadoop 为名的解决方案和软件库的集合。如果大数据以高速流的形式出现，而系统需要以低延迟的方式做出反应，那么就会使用实时分析，而不是批量分析。目前还没有出现事实上的标准方法，在最流行的方法中，我们将考虑一种名为 Storm 的技术。

Apache Hadoop

在 Hadoop 的名义下，Apache 社区正在推广一种基于特殊基础设施的技术，用于并行处理大量数据。Hadoop 提供了一个对任务进行功能编程的环境，自动将工作并行化，并将计算负载转移到数据上。Hadoop 是由 Apache Lucene（一个广泛使用的文本搜索库）的创造者道卡廷（Doug Cutting）创建的。Hadoop 源于 Apache Nutch，这是一个开源的网络搜索系统，它本身就是 Lucene 项目的一部分。

Nutch 项目于 2002 年启动。一个可行的爬行器和搜索引擎很快就出现了。然而，开发人员已经意识到，他们的体系结构不会扩展到数十亿个网页。2003 年，一篇文章描述了谷歌文件系统（Google File System，GFS）架构，这给予了我们帮助，GFS 是一种在谷歌实际项目中使用的分布式文件系统。

2004 年，谷歌发表了一篇文章，向世界介绍了 MapReduce 技术。2005 年初，Nutch 开发人员获得了一个基于 Nutch 的 MapReduce 的可操作实现，到年中，Nutch 的所有主要算法都被改编为使用 MapReduce 和 NDFS（Nutch Distributed File System，Nutch 分布式文件系统）。NDFS 和 MapReduce 在 Nutch 中的应用远远超出了搜索的范围，2006 年 2 月，一个名为 Hadoop 的独立子项目 Lucene 成立。大约在同一时间，Doug Cutting 加入了雅虎，该公司提供了一个团队和资源，将 Hadoop 转变为一个基于网络的系统（参见下面的"Hadoop 来到雅虎！"）。2008 年 2 月，雅虎宣布它所使用的搜索索引是由一个 10 000 核的 Hadoop 集群生成的，其结果得到了证明。

Hadoop 的历史与谷歌文件系统的开发（2003 年）和 MapReduce 技术的实施（2004 年）直接相关。基于这些组件，Apache Nutch 于 2005 年发布了信息搜索应用程序，并于次年启动了 Apache Hadoop 项目。

虽然 Hadoop 最常与 MapReduce 和分布式文件系统（HDFS，以前称为

NDFS）联系在一起，但它通常指的是由分布式计算和大规模数据处理基础设施连接起来的一系列相互关联的项目。书中讨论的所有基本项目都是由Apache 软件基金会管理的，该基金会为开源项目社区提供支持——包括最初的 HTTP 服务器，其名称就来源于此。随着 Hadoop 生态系统的扩展，新的项目不断涌现，它们不一定由 Apache 管理，但却提供了额外的 Hadoop 功能，或形成了基于底层功能的更高层次的抽象概念。下面简要列出书中讨论的Hadoop 项目。Common 是一组用于分布式文件系统和通用 I/O（序列化，Java RPC，数据结构）的组件和接口。Avro 是一个序列化系统，用于执行有效的跨语言 RPC 调用和长期数据存储。MapReduce 是一个分布式数据处理模型和执行环境，在大型典型机器集群上运行。HDFS 是一个在大型标准机器集群上运行的分布式文件系统。Pig 是一种数据流控制语言和执行环境，用于分析非常大的数据集。Pig 在 HDFS 和 MapReduce 集群中运行。Hive 是一种分布式数据存储。Hive 管理存储在 HDFS 中的数据，并提供一种基于 SQL 的查询语言（由运行时内核转换为 MapReduce 作业）来处理这些数据。HBase 是一个面向列的分布式数据库。HBase 使用 HDFS 来组织数据存储，并且既支持使用 MapReduce 的批处理计算，也支持点查询（随机读取数据）。ZooKeeper 是一种分布式、高可用性协调服务。ZooKeeper 提供了可用于构建分布式应用程序的原语（例如分布式锁）。Sqoop 是一种在结构化存储（如关系型数据库）和 HDFS 之间进行高效批量传输数据的工具。Oozie–Hadoop 作业启动和调度服务（包括 MapReduce、Pig、Hive 和 Sqoop 作业）。

Hadoop 由 4 个功能部分组成：

- Hadoop Common；
- Hadoop HDFS；
- Hadoop MapReduce；
- Hadoop YARN。

Hadoop Common 是技术正常运行所需的一组库和实用程序。它包括一个专门的、简化的命令行解释器。

当数据集超过一台物理机器的容量时，它必须分布在几台不同的机器上。控制网络中数据存储的文件系统称为分布式文件系统。由于它们是在网络环境下运行的，设计者必须考虑网络编程的所有复杂性，因此分布式文件系统比普通磁盘文件系统更复杂。例如，最大的挑战之一是如何确保文件系统在不丢失数据的情况下从单个节点故障中幸存下来。Hadoop 自带一个分布式文件系统，称为 HDFS（Hadoop Distributed File System）。有时——在旧文档或配置或非正式交流中——也有缩写"DFS"；意思是一样的。HDFS 是 Hadoop 的主要文件系统，这是本章的重点，但 Hadoop 也实现了广义文件系统的抽象，我们将在此过程中考虑 Hadoop 与其他存储系统（例如，本地文件系统和 Amazon S3）的集成。

HDFS 是一种分布式文件系统，用于在多台机器上存储大量数据。设计时应保证：

- 在低成本的基础上进行可靠的数据存储；
- 不可靠的硬件；
- 高读写带宽；
- 流式数据访问；
- 简化一致性模型；
- 类似于谷歌文件系统的架构。

HDFS 文件系统被设计用来存储非常大的文件，在传统机器的集群中采用流式数据访问方案。必须明确的是，在这个上下文中所说的"非常大"的文件，是指大小为数百兆兆字节、千兆字节和兆字节的文件。现在有 Hadoop 集群存储拍字节的数据。

流式数据访问 HDFS 是基于单次写入 / 多次读取的概念，是最有效的数据处理方案。一个数据集通常是由一个来源生成或复制的，然后对其进行各种分析操作。每个操作都涉及大部分（或全部）的数据集，所以整个数据集的读取时间比第一次写入的读取延迟更重要。传统的 Hadoop 硬件不需要昂贵的高可靠性硬件。该系统被设计为在标准硬件（可从许多公司购买的公开硬件）上运行，集群中单个节点的故障概率相当高（至少对于大型集群而言）。

HDFS 技术的设计是为了在发生故障时，系统可以继续运行，而不会有任何明显的中断。还应强调 HDFS 目前不适合的应用领域：

——需要以最小延迟访问数据的应用程序。其与 HDFS 的匹配度很低。对 HDFS 系统进行优化，可以提供高数据传输吞吐量，这需要通过降低访问速度来支付费用。目前，HBase 更适合以最小的延迟组织数据访问。

——多个小文件。由于名称节点将文件系统元数据存储在内存中，因此文件系统中文件数量的限制由名称节点的内存大小决定。经验表明，每个文件、目录和块大约占用 150 字节。因此，如果您有一百万个文件，每个文件占用一个块，则至少需要 300MB 的内存来存储信息。存储数百万个文件还可以接受，但存储数十亿个文件已经超出了现代硬件的能力。

——多个写入源。任意文件修改写入 HDFS 文件只能由一个源执行。写入总是在文件的末尾进行。不支持多个写入源或任意的文件偏移修改。

HDFS 的架构是基于标准架构的存储节点构建的，将数据存储在内部磁盘上。它对所有数据使用一个单一的地址空间。同时，提供来自不同节点信息的平行输入 / 输出。因此，系统的高吞吐量得到了保证。

HDFS 是在两个层次上运行：命名空间（Namespace）和块存储服务（Block Storage Service）。命名空间由存储文件系统的元数据和文件块分布的元信息的中心命名节点（Namenode）维护。

多个数据节点（Datanode）直接存储文件。名称节点负责处理文件系统的操作——打开和关闭文件、操作目录等。数据节点处理写入和读取数据的操作。名称节点和数据节点由显示当前状态的网络服务器提供，并允许查看文件系统的内容。

为了确保服务器的故障恢复能力，每个单元可以在多个节点上复制。HDFS 中的文件只能写入一次（不支持修改），一次写入一个文件只能驱动一个进程。通过这种简单的方式，实现了数据的一致性。

Hadoop MapReduce

MapReduce 是一种面向数据处理的编程模型。Hadoop 允许您运行以不同语言编写的 MapReduce 程序；在本章中，我们将研究用 Java、Ruby、Python 和 C++ 语言编写的相同程序。MapReduce 程序本质上是并行的，所有拥有足够多计算机的人都可以进行大规模的数据分析。MapReduce 在处理大型数据集时优点得到了充分体现。

Hadoop MapReduce 是并行处理大量数据模型的最流行的软件方案，方法是将其划分为由 Map 和 Reduce 函数解决的独立任务。MapReduce 算法在输入时接收 3 个参数：源数据集合、Map 函数、Reduce 函数，并返回结果数据集合。

源数据集合是特殊类型的记录集，它是键、值（key、value）类型的数据结构。用户需要设置 Map 和 Reduce 处理函数。算法本身关心数据的排序、处理函数的运行、崩溃事务的重新执行等。由此产生的集合由分析结果以易于解释的形式组成。MapReduce 算法的工作由 3 个主要步骤组成：Map、Group 和 Reduce。第一步，对源集合的每个元素执行 Map 函数。通常，它接受一个视图（key、value）记录作为输入，并将输入的此类对转换为一组中间对。此外，该函数也可以作为一个过滤器：如果对于一个给定的配对没有中间值要返回，这个函数就会返回一个空列表。

可以这样说，Map 函数的职责是将源集合的元素转换为零个或多个 {key：value} 对象实例。

在第二步（Group）中，算法对所有 {key：value} 对进行排序，并创建按键（key）分组的对象的新实例。分组操作在 MapReduce 算法内部执行，不由用户指定。Reduce 函数返回 {key：最小化值} 对象的实例，这些实例包含在结果集合中。

Java 是编写函数的基本语言。对于编程，Eclipse 中有一个流行的 Hadoop 插件。但你也可以没有它：Hadoop Streaming 实用程序允许你使用任何与操作系统标准 I/O 一起工作的可执行文件作为 Map 和 Reduce（例如，UNIX 命令 shell 实用程序、Python、Ruby 脚本等），还有一个 C++ 的 Hadoop Pipes 编程应用程序接口。此外，Hadoop 发行版包括分布式处理中最常用的各种处理程序。

Hadoop 的一个特点是将计算尽可能靠近数据。因此，用户任务在包含需处理的数据节点上运行。在 Map 阶段结束时，中间数据列表被移动以供 Reduce 函数处理。请注意，除了 Hadoop 之外，还有多种不同的 MapReduce 实现。MapReduce 最初是由谷歌开发的。后来出现了该算法的其他实现方式。谷歌对 MapReduce 的一个发展是开源项目——MySpace Qizmt——MySpace 的开源 Mapreduce 框架。该算法的另一个已知版本是在 MongoDB 系统中实现的版本。

目前有许多基于 Hadoop 的数据处理产品。以下是一份最受欢迎的清单：
- Pig 是一种用于并行编程的高级数据流语言；
- HBase 是一个分布式数据库，提供大型表的存储；
- Cassandra 是一个抗错误、分散的数据库；
- Hive 是一个具有数据聚合和浏览功能的数据仓库；
- Mahout 是一个机器学习和知识提取方法库。

总之 Hadoop 是一项非常活跃的技术。建议读者在因特网上查阅最新资料，网址为 http：//hadoop.apache.org/。

Elastic 栈

在过去的几年里，出现了各种存储和处理大量数据的系统，其中包括

Hadoop 生态系统项目、一些 NoSQL 数据库（DB）以及 Elasticsearch 等搜索和分析系统。Hadoop 和任何 NoSQL 数据库都有各自的优势和应用领域。Elastic Stack 是一个庞大的组件生态系统，用于数据搜索和处理。Elastic Stack 的主要组件包括 Kibana、Logstash、Beats、X-Pack 和 Elasticsearch。Elastic Stack 的核心是 Elasticsearch 搜索引擎，它提供存储、搜索和处理数据的能力。Kibana 实用程序也被称为 Elastic Stack 中的窗口，是 Elastic Stack 的出色可视化工具和用户界面。Logstash 和 Beats 组件允许将数据传输到 Elastic Stack。X-Pack 提供了强大的功能：可以配置监控、添加各种通知、设置安全参数等为系统的运行做好准备。

Neo4j

Neo4j 是一个基于图形的数据库管理系统，使用 Java 语言，开放源码，支持数据库事务（ACID）。截至 2015 年，它被认为是最常见的图形数据库系统。其由美国公司 Neo Technology 开发，自 2003 年以来一直在开发中。

Neo4j 数据存储在一个专门用于展示图形信息的专有格式中，这种方法与通过关系型数据库管理系统进行图形数据库建模相比，可以在数据结构更复杂的情况下应用额外的优化。还有人认为，对固态硬盘有特定的优化，据此，处理一个图不需要完全放在计算节点的操作存储器中，因此处理足够大的图是可能的。

主要应用领域：社交网络、推荐系统、欺诈检测、地图系统。

NoSQL DBMS

NoSQL（来自英语，不仅是 SQL）是指一大类现代异构数据库管理系统，与传统的通过 SQL 语言访问数据的关系型数据库管理系统有很大的不同。这种 DBMS 适用于试图通过完全或部分放弃原子性和数据一致性要求来解决可伸缩性和可用性问题的系统。

传统的 DBMS 关注事务系统的 ACID 需求：原子性（Atomicity）、一致性（Consistency）、隔离性（Isolation）、持久性（Durability），而在 NoSQL 中，可以考虑一组 BASE 属性，而不是 ACID。

• 基本可用性（Basic Availability）——每个请求都保证完成（成功或不成功）。

• 软状态（Soft State）——系统的状态可以随着时间的推移而变化，即使没有输入新的数据，以实现数据的一致性。

• 最终一致性（Eventual Consistency）——数据可能会在一段时间内不一致，但会在一段时间内达到一致性。

术语"BASE"是由 CAP 定理的作者 Eric Brewer 提出的。

CAP 定理指出，可以建立一个分布式系统，它是一致的（即写入操作是原子的，所有后续读取都能看到一个新值），可用的（只要至少有一台服务器在运行，数据库就会返回值）和抗耦合（即使服务器之间暂时没有通信，系统仍继续运行），但这 3 个属性中只有两个可以同时得到保证。

因此，可以创建一个一致且丧失连接性的分布式系统，一个可访问且丧失连接性的系统，或者一个一致且可访问的系统（但不丧失连接性，即本质上不是分布式）。但是，不可能创建一个既一致、可访问又能抵御连接损失的分布式数据库。

CAP 定理在数据库设计中很重要，因为你应该决定你准备牺牲什么。无论你选择哪个数据库，它都无法保证可用性或一致性。对连接损失的抵抗力纯粹是一个架构上的决定（它决定了系统是否会被分散）。理解 CAP 定理的含义对于现实地评估可能性是很重要的。书中描述的各种数据库中采用的权衡正是基于这个定理。

当然，基于 BASE 的系统不能用于所有的应用：对于证券交易所和银行系统的运作，使用交易是必要的。同时，无论 ACID 属性多么理想，在像 amazon.com 这样拥有数百万网络受众的系统中几乎不可能实现。NoSQL 设计者牺牲了数据的一致性来实现 CAP 定理的另外两个属性。一些数据库管理系统，如 Riak，可以通过指定交易成功所需的节点数量，就可以确定可用性——一致性特性。

NoSQL 解决方案的不同之处不仅在于扩展性设计。NoSQL 解决方案的其他特征是：

• 不同类型存储的应用。
• 无须架构作业即可开发数据库的能力。
• 线性可扩展性（处理器的加入提高了性能）。

在使用 NoSQL 解决方案的情况下，可以通过使用各种数据结构来描述数据模式：哈希表、树等。

根据 NoSQL 运动中的数据模型以及分布式和复制方法，区分了 4 种主要类型的系统：键 – 值存储（Key-Value Store）、列族存储（Column–Family

Store）、文档存储（Document Store）和图形存储。

面向文档的数据库管理系统用于存储分层数据结构，并用于内容管理和文档搜索系统。这种类型的数据库管理系统的示例包括 CouchDB、Couchbase、Berkeley DB XML、MongoDB。

特别是，MongoDB 是一个面向文档的数据库管理系统，不需要描述表模式。它被认为是 NoSQL 系统的经典示例之一，使用类似 JSON 的文档和数据库模式。它支持 ad-hoc 查询：它们可以返回特定的文档字段和自定义 JavaScript 函数。支持正则表达式搜索。还可以配置一个查询以返回随机结果集。有对索引的支持。

MongoDB 适用于以下应用：

- 记录和保存事件信息；
- 文件和内容管理系统；
- 电子商务；
- 游戏；
- 监测、传感器数据；
- 移动应用程序；
- 网页操作数据的存储。

2 互联网资源作为大数据

大数据来源

今天大数据的主要来源是：

——物联网（IoT）及其连接设备；

——Web 资源、社交网络；

——公司数据：交易、商品和服务订单、出租车和汽车共享旅行、客户档案。

网络资源和社交网络将被视为本书进一步陈述材料的"试验场"。

大数据方向的发展历史与互联网的信息组成部分，即 Web 资源和社交网络的发展有关。这些数据具有高度的多样性，结构的多样性。今天，人们通常根据数据的结构化程度来区分 3 种主要类型的数据。

第一层是通常的结构化数据，它可以由可分离的和预定的字段来表示，例如，所有的表在某个给定长度的字段中都有标题，在另一个预定的字段中是事实之一，在另一个字段中是定义标题中包含的语义变量的数字或文本值的事实。结构化数据很适合存储在关系型数据库中，并使用一种特殊的语言 SQL——结构化查询语言来方便地管理这些数据。虽然这些数据应用还非常普遍，但这种数据只定义了所有生成数据的 10%。

第二层是半结构化或弱结构化（Semistructured）的数据。这种类型的数据不能用表格来表示，因为不同数据的一些属性是缺失的。这类数据的例子是 SGML（标准通用标记语言）、XML（可扩展标记语言）或 BibTex 的文件，这些文件没有定义数据存储方案，但各种数据元素的语义可以通过分析文件本身的内容来确定。许多存储在网络空间的数据是指半结构化的数据、出版物的书目描述、科学数据。

最后，非结构化数据，从定义上讲，它不能符合前面描述的类型。这包括以不同语言字符写成的文本、录音、图像、视频文件、电子邮件（文本部分）、推文、演示文稿和数据库上传以外的其他商业信息。在组织的所有数据中，有 80% ~ 90% 被认为是非结构化数据。

数据的来源是数字设备，它们将人类智慧的产物集中并投向互联网——推文、Facebook 和 Kontakte 上的帖子、搜索引擎查询等。

网络空间中的开放源码和专业网络数据库包含了分析研究所需的大部分信息，但如何找到和有效利用这些信息仍然是一个悬而未决的问题。在使用 Web 空间作为最强大的大数据来源时，最重要的问题是网络上信息的体积、导航、信息噪声的存在及信息的动态性。

互联网资源以其开放性、数量和丰富的内容而具有吸引力，访问这样的互联网资源乍一看似乎是无界限的。然而，尽管具有开放性和可访问性等特点，现有的 Web 空间基础设施不能被认为是可靠和值得信赖的。列举几个 Web 空间固有的问题：

——用户一站式访问异质网络资源，以获得必要主题信息流的综合呈现，这个问题还没有得到解决；

——无法及时"提醒"和"推送"在大量网站上发布的用户专属信息；

——重要的 Web 资源在最需要的时候出现拒绝服务的可能性相当大。

如今，有一些内容集成技术可以通过在网络空间中提供有效的搜索和导航、监测和聚合开放的网络资源来部分地解决上述问题。为了对网络空间中的信息进行专业的搜索和聚合，使用了大数据技术、信息检索系统和服务。

为了对来自网络的信息资源进行智能处理，有必要建立一个信息收集系统。在本书中，为了描述原始数据收集工具，我们将仅限于一种非结构化文本信息，这些信息可以在互联网上免费获得，而且可能是最标准化的信息之一，即以 RSS 格式呈现的信息 [5]。

20 世纪末，基于 XML 标准的几种数据描述格式被开发出来，用于统一互联网内容，以便软件应用程序进一步处理、总结和随后的分发（联合）。最常见的格式被称为 RSS，意思是真正简易聚合（Really Simple Syndication），丰富站点摘要（Rich Site Summary），尽管它最初被称为 RDF 站点摘要（RDF Site Summary）。所有这些缩略语的内容都是一种总结和分发网站内容的简单方法——内容联合。

RSS 的开发始于 1997 年，当网景公司（Netscape）用它来填充其 Netcenter 门户网站的渠道时，RSS 这项技术得到了认可。RSS 技术很快被用在许多新闻网站上转播内容，包括 BBC、CNET、CNN、Disney、Forbes、Wired、Red Herring、Slashdot、ZDNet 等。RSS 第一个官方公开版本是 0.90 版本，该格式基于 RDF（Resource Description Framework——资源描述框架）。

今天，几乎所有领先的网站、博客和一些在线社交网络都使用 RSS 作为及时呈现其更新的工具。RSS 格式的各个版本的规范在以下网页中给出：

RSS 0.90：http：//www.purplepages.ie/RSS/netscape/rss0.90.html；

RSS 0.91：http：//my.netscape.com/publish/formats/rss-spec-0.91.html；

RSS 1.0：http：//web.resource.org/rss/1.0/；

RSS 2.0：http：//backend.userland.com/rss/。

RSS 一词通常被用作所有网络提要的总称，包括有别于 RSS 格式的提要（例如 Atom 格式的提要）。

RSS 基于 XML 标准。以下是关于 RSS 2.0 的一些基本信息。RSS 文档中的第一个标识必然指定了要使用的 XML 格式。后面是一个带有必要版本（Version）标志物的 <rss> 标签，表明文档的版本。

RSS 文档强制包含 2 个标签：<channel> 和 <item>。

关于这个 RSS 频道的主要信息包含 <channel> 标签。我们只遇到过它一次。它必须包含以下 3 个标签：

<title>—频道名称。可能与站点名称相同。

<link>—与频道相关联的网站链接。

<description>—频道描述。

可选标签：

<language>—磁带语言。

<copyright>—版权。

<managingEditor>—频道内容编辑器的电子邮件。

<webMaster>—频道站长的电子邮件。

<pubdate>—频道的发布日期。

<lastBuildDate>—频道内容最后一次更改的日期。

<category>—频道内容的类别。

<Generator>—用于创建频道的程序。

<docs>—使用 RSS 格式文档的链接。

<ttl>—以分钟为单位的频道计时。

—与频道一起显示的图像。该标签本身具有以下参数：

<Title>—标题。

<Description>—描述（类似于 HTML 中的 ALT 标签）。

<Link>—与频道相关联的网站链接。

<URL>—图像地址。

<Width>—图像的宽度。

<Height>—图像的高度。

<skipHours>—多少个小时不需要从频道更新。

<skipDays>—多少天不需要从频道更新。

<item>—标签包含关于发布的信息。

必要的嵌套标签：

<title>—发布内容的名称。

<link>—发布内容全文页面的链接。

<Description>—发布内容的简短文本。

可选标签：

<author>—作者的电子邮件。

<category>—消息类别。

<comments>—消息评论页面的链接。

<Enclosure>—联用的多媒体对象。其参数：

<URL>—对象地址。

<length>—以字节为单位的对象大小。

<type>—文件的 MIME 类型。

<guid>—消息标识符。

<pubdate>—发布日期。

例如，让我们举一个 ScienceDaily 网站（https：//www.sciencedaily.com/rss/top/science.xml）上的 RSS 提要片段为例：

```
< ？ xml version="1.0" encoding="UTF-8" ？ >
<rss version="2.0" xmlns：media="http：//search.yahoo.com/mrss/">
<channel>
<title>All Top News -- ScienceDaily</title>
<link>https：//www.sciencedaily.com/news/top/</link>
<description>Top science stories featured on ScienceDaily's home page.</description>
<language>en-us</language>
<pubDate>Fri,23 Sep 2022 17：00：03 EDT</pubDate>
<lastBuildDate>Fri,23 Sep 2022 17：00：03 EDT</lastBuildDate>
```

```
<ttl>60</ttl>
<image>
    <title>All Top News -- ScienceDaily</title>
    <url>https：//www.sciencedaily.com/images/scidaily-logo-rss.png</url>
    <link>https：//www.sciencedaily.com/news/top/</link>
    <description>For more science news,visit ScienceDaily.</description>
</image>
<atom：link xmlns：atom="http：//www.w3.org/2005/Atom" rel="self"
href="https：//www.sciencedaily.com/rss/top.xml" type="application/rss+xml" />


<item>
    <title>Analysis of particles of the asteroid Ryugu delivers surprising
results</title>
    <link>https：//www.sciencedaily.com/releases/2022/09/220923090851.
htm</link>
    <description>In December 2020，a small landing capsule brought rock
particles from the asteroid Ryugu to Earth -- material from the beginnings of our
solar system. The Japanese space probe Hayabusa 2 had collected the samples.
Geoscientists have now discovered areas with a massive accumulation of rare earths
and unexpected structures. < ！ -- more --></description>
    <pubDate>Fri,23 Sep 2022 09：08：51 EDT</pubDate>
    <guid is PermaLink="true">https：//www.sciencedaily.com/
releases/2022/09/220923090851.htm</guid>
</item>
    …
```

在网络服务器资源上以 RSS 格式提供的文件阵列被称为 "RSS 提要"（来自英语单词 feed——喂养、供应）、信息提要。这些提要的地址在网站页面中明确指定（标准符号——📶），或者可以在 HTML 页面的源代码中找到，例如在 ScienceDaily 网站页面的一个片段：https：//www.sciencedaily.com/newsfeeds.htm：📶

```
<tr>
<td valign="top" align="right"><strong>All News：</strong></td>
```

```
<td valign="top"><a href="/rss/all.xml"><i class="fa fa-rss fa-fw"></i> /rss/
all.xml</a></td>
    </tr>
    <tr>
    <td valign="top" align="right"><strong>Top News：</strong></td>
    <td valign="top"><a href="/rss/top.xml"><i class="fa fa-rss fa-fw"></i> /rss/
top.xml</a></td>
    </tr>
    <tr>
    <td valign="top" align="right"><strong>Top Science：</strong></td>
    <td valign="top">
    <a href="/rss/top/science.xml"><i class="fa fa-rss fa-fw"></i> /rss/top/
science.xml</a></td>
    </tr>
```

数据收集

为了自动下载 RSS 提要，通常可以使用很多标准的互联网内容下载实用程序，例如 cURL 程序（https：//curl.se/）[6] 或 wget 程序（https：//www.gnu.org/software/wget /）。

cURL 是一个用于组织 Web 站点数据采样的实用程序，cURL 是一个从网站获取数据的实用程序，它允许我们在参数的帮助下，在网络服务器端对文件进行操作，这些参数可以在 URL 字符串中传递。使用 cURL，您可以在不使用浏览器的情况下获取网页。除了 HTTP 请求外，cURL 还支持 SMTP、IMAP、Telnet、FTP 和其他网络协议。cURL 的基本使用方法是简单地输入 cURL 命令，然后再输入要下载的 URL。默认情况下，cURL 将接收的输出映射到标准的系统输出流中，也就是说，cURL 呼叫将在终端窗口中显示页面的程序代码。

当设置 "-o" 可选项时，cURL 程序可以将输出写入文件：

curl -o example.html www.example.com

这样的呼叫确保将 www.example.com 的首页代码保存在 example.html 文件中。

wget 是一个用于通过 HTTP、HTTPS 和 FTP 协议下载文件的控制台实用程序。wget 可以递归加载网络文件，复制单个页面和整个网站，转换链接等。该实用程序已被移植并运行在许多类似 UNIX 系统、Microsoft Windows 和 MacOS X 等上。wget 是一个非交互式程序，这意味着在它以某些参数运行后，它会执行所有必要的操作，不需要对其工作进行额外干预。wget 可以像一个搜索机器人一样工作，即获取 HTML 页面元素援引的资源，并由 Web 树递归推进，直到所有必要的文件都被加载。

下载 RSS 提要（信息提要）的过程如下所示：

curl - o habr https：//habr.com/ru/rss/all/all/
或
wget - O habr https：//habr.com/ru/rss/all/all/
下面是可以用来生成数据集的 RSS 提要的示例列表。

http：//nypost.com/tech/feed

https：//cn.nytimes.com/rss.html

http：//www.washingtontimes.com/rss/headlines/culture/technology/

https：//www.economist.com/science-and-technology/rss.xml

https：//feeds.skynews.com/feeds/rss/technology.xml

http：//www.chinadaily.com.cn/rss/china_rss.xml

http：//www.chinadaily.com.cn/rss/world_rss.xml

http：//www.chinadaily.com.cn/rss/cndy_rss.xml

https：//www.scmp.com/rss/91/feed

https：//www.scmp.com/rss/36/feed

https：//www.scmp.com/rss/320663/feed

http：//www.china.org.cn/english/rss/185842.xml

http：//www.china.org.cn/english/rss/201719.xml

http：//www.xinhuanet.com/english/rss/scirss.xml

提要示例：

<rss xmlns：dc="http：//purl.org/dc/elements/1.1/" xmlns：atom="http：//www.w3.org/2005/Atom" xmlns：og="http：//ogp.me/ns#" xmlns：fb="http：//www.facebook.com/2008/fbml" xmlns：content="http：//purl.org/rss/1.0/modules/content/" xmlns：foaf="http：//xmlns.com/foaf/0.1/" xmlns：rdfs="http：//www.

w3.org/2000/01/rdf–schema#" xmlns：sioc="http：//rdfs.org/sioc/ns#" xmlns：sioct="http：//rdfs.org/sioc/types#" xmlns：skos="http：//www.w3.org/2004/02/skos/core#" xmlns：xsd="http：//www.w3.org/2001/XMLSchema" xmlns：schema="http：//schema.org/" xmlns：media="http：//www.rssboard.org/media–rss" version="2.0" xml：base="link">

    <channel>

    <title>News – South China Morning Post</title>

    <link>https：//www.scmp.com/rss/91/feed</link>

    <description>

    All the latest breaking news from Hong Kong，China and around the world

    </description>

    <language>en</language>

    <image>

    <url>

    https：//assets.i–scmp.com/static/img/icons/scmp–meta–1200x630.png

    </url>

    <title>News – South China Morning Post</title>

    <link>https：//www.scmp.com</link>

    </image>

    <atom：link href="https：//www.scmp.com/rss/91/feed" rel="self" type="application/rss+xml"/>

    <item>

    <title>

    How does the amazing world of underwater archaeology work ？ Lifting the veil on excavations as China has announced some significant finds

    </title>

    <link>

    https：//www.scmp.com/news/people–culture/trending–china/article/3193480/how–does–amazing–world–underwater–archaeology？ utm_source=rss_feed

    </link>

    <description>

    A string of announcements in China has put underwater archaeology into the public consciousness. But how does the field work？

　　</description>

　　<pubDate>Sun，25 Sep 2022 18：00：18 +0800</pubDate>

　　<dc：creator>Kevin McSpadden</dc：creator>

　　<guid isPermaLink="true">

https：//www.scmp.com/news/people-culture/trending-china/article/3193480/how-does-amazing-world-underwater-archaeology？utm_source=rss_feed

　　</guid>

　　<media：content url="https：//storage.scmp.com/d8/cors_uploads/2022/06/28/web.mp4" duration="73"/>

　　<media：thumbnail url="https：//cdn.i-scmp.com/sites/default/files/styles/1280x720/public/d8/video/thumbnail/2022/06/28/clean_1.jpg？itok=O4jBTWBW"/>

　　<author>Kevin McSpadden</author>

　　<enclosure url="https：//storage.scmp.com/d8/cors_uploads/2022/06/28/web.mp4" length="73" type="video/mp4"/>

　　<enclosure url="https：//cdn.i-scmp.com/sites/default/files/styles/1280x720/public/d8/video/thumbnail/2022/06/28/clean_1.jpg？itok=O4jBTWBW" length="1280" type="image/jpeg"/>

　　</item>

　　…

　　</channel>

　　</rss>

　　可以根据时间表呼叫 curl 或 wget 实用程序，例如使用 crontab 工具。同时，未来在处理下载文件的阶段，应规定具有相同地址的文件（RSS 提要中的 <link> 标签）将不被计入。

生成 JSON 文件

　　这样，信息框架就形成了，由信息源确定的主题的文件以 RSS 格式加载，该格式可以被认为是一种交流、通信格式。

　　同时，为了进一步使用现代搜索引擎，必须将获得的数据转换为此类系统的输入格式。特别是，为了进一步使用 Elasticsearch 系统，需要加载的数据应该以 JSON 格式提供。

JSON（英文 JavaScript Object Notation——JavaScript 的对象记录）是一种文本格式，用于计算机之间数据交换。JSON 是基于文本的，可由人类阅读。该格式允许描述对象和其他数据结构。这种格式主要用在网络上传输结构化信息。

JSON 的出现是因为需要在不使用浏览器插件、Flash 应用程序或 Java 小程序的情况下与服务器实时交换数据。与 XML 相比，JSON 更简洁而适合于表示复杂的结构。

JSON 基于两个结构：

——一组名称/值对。在不同的编程语言中，它被实现为对象、记录、结构、字典、散列表、键列表或关联数组。

——有序的值列表。在许多语言中，它被实现为数组、向量、列表或序列。

在任何现代编程语言中都支持 JSON 使用的数据结构，这使得 JSON 能够应用于不同编程语言和软件系统之间的数据交换。

如何使用 JSON 中的值：

——记录：是一组无序的键值对，包含在花括号"{}"中。键由字符串描述，在它和值之间有一个字符"："。键值对之间用逗号分隔。

——数组（一维）：是一个有序的数值集合。数组写在方括号"[ ]"中。值用逗号分隔。数组可以为空，即不包含任何值。至多一个数组的值可以具有不同的类型。

——数字（整数或实数）。

——字符串 true（布尔值"真"）、false（布尔值"假"）和 null。

——字符串是一个由零个或多个 Unicode 字符组成的有序集合，用双引号括起来。可以使用以反斜杠 "\" 开头的转义序列来指定字符（支持变体 \"，\\、\/、\t、\r、\f 和 \b），或者以 Unicode 十六进制代码写成 \uFFFF。

"字符串"与 JavaScript 语言中同名数据类型的字符非常相似。"数字"也与 JavaScript 数字非常相似，只是只使用了十进制格式（以句点为分隔符）。可以在两个语法元素之间插入空格。

下面的示例显示了关于描述一个人为对象数据的 JSON 表示。该数据有姓和名的字符串字段、地址信息和一个包含电话号码列表的数组。从例子中可以看出，该值可以是一个嵌套结构。

```
{
  "firstName": "John",
  "lastName": "Depp",
  "address": {
    "streetAddress": "10 Elm Street",
    "city": "Owensboro, Kentucky",
    "postalCode": 10101
  },
  "phoneNumbers": [
    "067 466-8917",
    "050 123-4567"
  ]
}
```

应当注意"postalCode"对：10101。数字和字符串都可以用作 JSON 值使用。因此，条目"postalCode"："10101"包含一个字符串，而"postalCode"：10101 包含一个数值。由于 JavaScript 中的弱类型，一个字符串可以被转换为一个数字而不影响程序的逻辑。但是，建议谨慎处理值类型，因为 JSON 是为系统间交换服务的。

下面的示例显示了描述客户端的对象的 JSON 表示：

```
{
"name": "John Smith",
"address": "121 John Street, NY, 10010",
"age": 40
}
```

这样就是一条写有客户姓名、地址和年龄的记录。另一个条目可能如下所示：

```
{
"name": "John Doe",
"age": 38,
"email": "john.doe@company.org"
}
```

需要注意的是，这位客户信息中没有地址字段，取而代之的是电子邮件字段。其他客户端可能有一组完全不同的字段。因此，对于表内可以存储的内容实现了灵活性。

在上传到 Elasticsearch 系统之前，需要将之前实际工作中获得的文件从 RSS 中转换出来，即创建 JSON 格式。新闻文件字段的简化列表建议如下：

"title"——消息的标题；

"textBody"——消息文本；

"source"——消息的来源；

"pubDate"——日期和时间，格式为 YYYY-MM-DDTHH：MM00Z

"url"——互联网上消息的地址。

下面是要检索的 JSON 格式文件的片段：

{

"title"："How does the amazing world of underwater archaeology work？Lifting the veil on excavations as China has announced some significant finds",

"textBody"："A string of announcements in China has put underwater archaeology into the public consciousness. But how does the field work？ ",

"source"："South China Morning Post",

"PubDate"："2022-09-25T18：04：00Z",

"URL"："https：//www.scmp.com/news/people-culture/trending-china/article/3193480/how-does-amazing-world-underwater-archaeology？ utm_source=rss_feed"

}

,

{

"title"："China tour groups to return to Macau in November，government says",

"textBody"："Macau plans to welcome back tour groups from mainland China as soon as November，giving a boost to its tourism-dependent economy.",

"source"："South China Morning Post",

"PubDate"："2022-09-25T17：54：00Z",

"URL"："https：//www.scmp.com/business/china-business/article/3193738/china-tour-groups-return-macau-november-government-says？ utm_source=rss_ feed"

}

{

"title"："Coronavirus：health minister warns Hong Kong hospitals could become overstretched if city removes all travel curbs"，

"textBody"："Secretary for Health Lo Chung-mau says government must ensure path forward is 'a safe one' and will not 'cause any deaths'."，

"source"："South China Morning Post"，

"PubDate"："2022-09-25T17：14：00Z"，

"URL"："https：//www.scmp.com/news/hong-kong/health-environment/article/3193741/coronavirus-health-minister-warns-hong-kong？ utm_source=rss_feed"

}

RSS 转换为 JSON 程序示例

本节解决的实际任务是用 Python[7, 11] 编写一个程序，在不改变信息内容的情况下将以 RSS 格式提供的信息变换成（转换成）JSON 格式。以下是此类程序的教学示例（在程序文本中，在 # 号之后以评论的形式提供了解释）：

```python
# 将数据从 RSS 转换为 JSON 格式的转换程序
# 连接正则表达式和时间模块
import re
import datetime

# 在读取模式下打开 rss.xml 文件
f = open（"rss.xml","r"）

# 读取 rss.xml 文件的内容到 t 变量中
t = f.read（）

# 关闭 rss.xml 文件
```

```
f.close（）
# 将文件拆分到字符串中，并用空格将字符串连接在一起
rss =t.split（'\n'）
t=""
for i in range（len（rss））：
    t=t+" "+rss[i]

# 删除第一个空格
t=re.sub（'^\s', '', t）

# 生成标题数组
title = re.findall（'<title>（.+？）<\ /title>', t）

# 第一个标题是提要的标题，然后是它的具体处理
source=title[0]
source=re.sub（'[\s\-]*$', '', source）
source=re.sub（'"', '\'', source）

# 标题数组维度
x=range（len（title））

# 创建描述数组
text = re.findall（'<description>（.*？）<\ /description>', t）

# 生成超链接数组
link = re.findall（'<link>（.+？）<\ /link>', t）

# 以 "YY-MM-MMTHH：MM：00Z" 格式生成日期和时间
now = datetime.datetime.now（）
tim=now.strftime（"%Y-%m-%dT%H：%M：00Z"）

# 输出结果
```

```
for i in range（1，len（title））:
    print "{\n\"title\": \""+title[i]+"\"，"

    #具体的文本处理
    text[i]=re.sub（'[\s\-]*$'，''，text[i]）
    text[i]=re.sub（'"'，'\"'，text[i]）
    text[i]=re.sub（'\'，'&amp;'，text[i]）

    #随后的结果输出
    print "\"textBody\": \""+text[i]+"\"，"
    print "\"source\": \""+source+"\"，"
    print "\"PubDate\": \""+tim+"\"，"
    print "\"URL\": \""，link[i]，"\"\n}"
    if i<len（title）-1:
        print "，"
```

执行这个程序的结果应该是一个适合上传到 Elasticsearch 信息搜索系统的 JSON 文件。

3 技术栈 Elastic

在过去的几年里，出现了各种存储和处理大量数据的系统。其中，Elastic 生态系统的组件可以单独进行数据检索和处理。Elastic Stack 的主要组成部分是 Kibana、Logstash、Beats、X-Pack 和 Elasticsearch。Elastic Stack 的核心是 Elasticsearch 搜索引擎，它提供数据存储、搜索和处理功能。Kibana 实用程序，也被称为 Elastic Stack 中的窗口，是 Elastic Stack 的一个出色的可视化工具和用户界面。Logstash 和 Beats 组件允许使用者将数据传输到 Elastic Stack。X-Pack 提供了强大的功能：你可以配置监控、添加不同的消息、设置安全参数，为系统的运行做好准备。

有些组件是通用的，不需要 Elastic Stack 或其他工具就可以使用。

Logstash

实用程序 Logstash 帮助你集中管理与事件相关的数据，如日志文件信息、杂项指标或任何其他格式的数据。它可以在生成你需要的样本之前对数据进行处理。这是 Elastic Stack 的一个关键组件，用于收集和处理你的数据容器。

Logstash 是一个服务器端组件。其目的是以可扩展的方式从大量的输入源收集数据、处理信息，并将其发送到目的地。默认情况下，转换后的信息进入 Elasticsearch，但你可以选择许多其他的输出选项。Logstash 架构是基于插件的，易于扩展。支持三种类型的插件：输入、过滤和输出。

Kibana

Kibana 是 Elastic Stack 的可视化工具，帮助你在 Elasticsearch 中直观地呈现数据。它通常也被称为 Elastic Stack 中的窗口。Kibana 提供了许多可视化选项，如直方图、地图、线图、时间序列等。你只需点击几下鼠标就可以创建可视化数据，并以交互方式检查你的数据。此外，还可以创建和分享由不同的可视化数据组成的漂亮的仪表盘，以及生成高质量的报告。

Kibana 还提供了管理和开发工具。你可以管理 X-Pack 设置以确保 Elastic Stack 中的安全性，并使用开发者工具创建和测试 REST API 请求。

Kibana Console 是一个方便的编辑器，支持在编写查询时自动完成和格式化。

什么是 REST API？ REST 是 Representational State Transfer（表述性状态转移）的缩写。它是一种系统之间协作的架构风格。REST 是随着 HTTP 协议发展起来的，几乎所有基于 REST 的系统都使用 HTTP 作为其协议。HTTP 支持各种方法：GET、POST、PUT、DELETE、HEAD 等。例如，GET 用于获取或搜索某些东西，POST 用于创建新资源，PUT 可用于创建或更新现有资源，而 DELETE 用于永久删除。

Elastic Cloud

Elastic Cloud 是一种 Elastic Stack 组件管理云服务，由 Elastic（https：//www.elastic.co/）——Elasticsearch 及其他 Elastic Stack 组件的作者和开发者提供。所有产品组件（X-Pack 和 Elastic Cloud 除外）都是开源的。Elastic 维护所有 Elastic Stack 组件，提供培训、开发和云服务。

除了 Elastic Cloud 之外，还有其他可用于 Elasticsearch 的云解决方案，例如 Amazon Web Services（亚马逊云服务，简称 AWS）。Elastic Cloud 的主要优势在于它是由 Elasticsearch 和其他 Elastic Stack 组件的作者创建和维护的。

如你所见，Elasticsearch 和 Elastic Stack 可以用于任务的宽频谱。Elastic Stack 是一个具有丰富工具集的平台，用于创建综合搜索和分析解决方案。它适用于开发人员、架构师、业务分析师和系统管理员。可以完全通过更改配置来创建基于 Elastic Stack 的解决方案，而无需编写代码。同时，Elasticsearch 系统非常灵活，由于其对编程语言和 REST API 的广泛支持，开发者和程序员可以建立强大的应用程序。

4 Elasticsearch 系统

Elasticsearch 是一个高度可扩展的分布式实时全文搜索和数据分析搜索引擎。它允许存储、搜索和分析大量数据。我们已经考虑了使用 Elasticsearch 的好处和原因。你可以在没有任何其他组件的情况下使用 Elasticsearch 来为应用程序配备数据搜索和分析工具。

要使用关系数据库，你需要了解行、列、表和模式等概念。Elasticsearch 和其他面向文档的资料库的工作原理不同。

Elasticsearch 系统具有明确的文档导向。JSON 文档最适合该系统。它们使用不同的类型和索引进行组织。接下来我们将认识 Elasticsearch 的几个关键概念。

- 索引；
- 类型；
- 文档；
- 节点；
- 组合件；
- 分片和副本；
- 标记和数据类型；
- 反向索引。

索引
索引（Index）是 Elasticsearch 的一个容器，它存储一种类型的文档（Document）并对其进行管理。一个索引可以包含相同类型的文档。

Elasticsearch 的索引与关系型数据库中的数据库结构大致相似。一个 Elasticsearch 类型对应一个表，而一个文档对应一个表中的记录。

类型
类型有助于对同一类型的文件进行逻辑分组或组织成索引。

通常，具有最常见的字段集的文档被归入一个类型。Elasticsearch 不需要任何结构，允许在同一类型下存储具有任何字段集的任何 JSON 文档。在实践中，应避免在同一类型中混合不同的信息，如"客户"和"产品"。将它们存储在不同的类型和不同的索引中是有意义的。

文档

JSON 文档最适合在 Elasticsearch 中使用。JSON 文档由多个字段组成，是存储在 Elasticsearch 中的基本信息单位。

文档通常包含多个字段。在 JSON 文档中，每个字段都有一个类型。每个字段及其值可以在文档中视为"键值对"，其中键是字段名，值是字段值。

节点

Elasticsearch 是一个分布式系统。它包括许多运行在网络上不同设备上的进程，并与其他进程进行通信。

Elasticsearch 节点是一个单一的系统服务器，可能是一个大型节点集群的一部分。它参与了 Elasticsearch 支持的索引、搜索和其他操作。每个 Elasticsearch 节点在启动时都有一个唯一的标识符和名称。

每个 Elasticsearch 节点对应一个主配置文件。文件格式是 YML（全称 YAML Ain't Markup Language——YAML 不是标记语言）。此文件可以用来改变节点名称、端口、集群等值。在基础层面上，一个节点对应一个正在运行的 Elasticsearch 进程。它负责管理数据的相关部分。

集群

一个集群包含一个或多个索引，并负责执行搜索、索引和聚合等操作。一个集群由一个或多个节点组成，每个节点负责存储和管理其部分数据。一个集群可以存储一个或多个索引。索引在逻辑上对不同类型的文件进行分组。任何 Elasticsearch 节点始终是集群的一部分，即使它是单个节点集群。默认情况下，每个节点都会尝试加入一个名为 Elasticsearch 的集群。如果多个节点在同一网络内运行，而不更改 config/elasticsearch.yml 文件中的 cluster.name，则它们会自动合并到集群中。

分片和复制

分片有助于在集群中分配索引。他们将文档分发到来自不同节点的同一索引上。一个节点存储的信息量受到该节点的磁盘空间、内存和计算能力的限制。分片有助于在整个集群中分发单个索引数据，从而优化集群资源。

在分片之间划分数据的过程称为分片。这是 Elasticsearch 不可或缺的一部分，对于优化来自不同集群节点的磁盘空间以及来自不同集群节点的计算能力是必需的。

- 集群不同节点的磁盘空间；
- 集群不同节点的计算能力。

像Elasticsearch这样的分布式系统即使在硬件故障时也能正常工作。为此，提供了分片副本或副本。每个索引分片可以配置有一定数量的副本，或者没有副本。分片副本是原始或主分片的额外副本，以确保高水平的数据可用性。

数据标注与类型

Elasticsearch是一个非结构化系统，因此可用以存储具有任意数量和字段类型的文档。在现实中，数据从来都不是完全无结构的。总是有一组字段，对于这种类型的所有文档都是通用的。实际上，索引内部的类型必须基于公共字段来创建。通常，索引内的一种文档类型包含多个公共字段。

数据类型

Elasticsearch 支持广泛的数据类型，用于文本数据、数字、布尔值、二进制对象、数组、地理标记、地理形式和许多其他专门的数据类型，如 IPv4 和 IPv6 地址等各种存储场景。

安装 Elasticsearch

请到官网首页（https：//www.elastic.co/start，如图 2 所示）安装 Elastic Stack–Elasticsearch 以及后续的 Kibana 系统组件并下载相应压缩文件。从 Elastic Stack 5.x 版本开始，所有组件一起更新，并且具有相同的版本号。这适用于 Elastic Stack 7.x 版本的组件。

若在计算机（服务器）上安装 Elasticsearch 系统，只需解压发行版文件并转到创建的文件夹即可。然后可以启动（取决于操作系统）bin/Elasticsearch 或 bin/Elasticsearch.bat 文件并安装系统。

通过浏览器或 cURL 类型的实用程序访问 curl http：//localhost：9200 后，可以看到 Elasticsearch 系统的反馈（图 3）。

安装 Elasticsearch 系统后遇到的第一个任务是创建和加载 JSON 文档数据库，其获取方式已在第 1 章中进行了描述。

图 2　Elasticsearch 系统的官网首页

加载 Elasticsearch 数据库

要将 JSON 文件加载到数据库，可以在 XPOST 数据记录模式下使用 cURL 实用程序，指定 Elasticsearch 系统地址（http：//localhost：9200）、索引名称（test，任意设置）和索引文档的类型名称（_doc，也任意设置）。

```
←      C   ⊕ localhost:9200

{
  "name" : "DWL-ПК",
  "cluster_name" : "elasticsearch",
  "cluster_uuid" : "Z5AuMaOkSsCihvABnn5fNg",
  "version" : {
    "number" : "7.11.0",
    "build_flavor" : "default",
    "build_type" : "zip",
    "build_hash" : "8ced7813d6f16d2ef30792e2fcde3e755795ee04",
    "build_date" : "2021-02-08T22:44:01.320463Z",
    "build_snapshot" : false,
    "lucene_version" : "8.7.0",
    "minimum_wire_compatibility_version" : "6.8.0",
    "minimum_index_compatibility_version" : "6.0.0-beta1"
  },
  "tagline" : "You Know, for Search"
}
```

图 3　通过本地地址 http：//localhost：9200 访问系统

用于加载文档的文件（与 JSON 文件的不同之处在于它有一个带 XPOST 参数的 curl 命令，表示系统地址）如下所示：

curl –XPOST 'http：// localhost：9200/test/_doc/' –H 'Content–Type：application/json' –d '

```
{
"title"："How does the amazing world of underwater archaeology work ？ Lifting the veil on excavations as China has announced some significant finds"，
"textBody"：" A string of announcements in China has put underwater archaeology into the public consciousness. But how does the field work ？ "，
"source"："South China Morning Post"，
"PubDate"："2022–09–25T18：04：00Z"，
"URL"："https：//www.scmp.com/news/people–culture/trending–china/article/3193480/how–does–amazing–world–underwater–archaeology ？ utm_source=rss_feed"
}'
```

curl –XPOST 'http：// localhost：9200/test/_doc/' –H 'Content–Type：application/json' –d '

```
{
"title"："China tour groups to return to Macau in November，government says"，
"textBody"："Macau plans to welcome back tour groups from mainland China as soon as November，giving a boost to its tourism–dependent economy."，
"source"："South China Morning Post"，
"PubDate"："2022–09–25T17：54：00Z"，
"URL"：" https：//www.scmp.com/business/china–business/article/3193738/china–tour–groups–return–macau–november–government–says ？ utm_source=rss_feed "
}'
```

curl –XPOST 'http：//localhost：9200/test/_doc/' –H 'Content–Type：application/json' –d '

```
{
"title"："Coronavirus：health minister warns Hong Kong hospitals could
```

become overstretched if city removes all travel curbs",

"textBody"："Secretary for Health Lo Chung-mau says government must ensure path forward is 'a safe one' and will not 'cause any deaths'.",

"source"："South China Morning Post",

"PubDate"："2022-09-25T17：14：00Z",

"URL"：" https：//www.scmp.com/news/hong-kong/health-environment/ article/3193741/coronavirus-health-minister-warns-hong-kong？ utm_ source=rss_feed"

}'

加载 JSON 文档时，Elasticsearch 系统会发出以下类型的消息（加载协议）：

```
{"_index": "test", "_type": "_doc", "_id": "JF37oXcButXogwwaYkt_",
"_version": 1, "result": "created", "_shards": {"total": 2, "successful": 1,
"failed": 0}, "_seq_no": 0, "_primary_term": 1}

{"_index": "test", "_type": "_doc", "_id": "JV37oXcButXogwwaYkvi",
"_version": 1, "result": "created", "_shards": {"total": 2, "successful": 1,
"failed": 0}, "_seq_no": 1, "_primary_term": 1}

...

{"_index": "test", "_type": "_doc", "_id": "Jl37oXcButXogwwaYkv6",
"_version": 1, "result": "created", "_shards": {"total": 2, "successful": 1,
"failed": 0}, "_seq_no": 9, "_primary_term": 1}
```

若要检查上传的文件数量，只需按以下方式联系 Elasticsearch：

curl –XGET 'http：// localhost：9200/test/_doc/_count'

执行检查加载文档数量的命令的结果如下所示：

```
{"count": 10, "_shards": {"total": 1, "successful": 1,
"skipped": 0, "failed": 0}}
```

为了检查索引创建的正确性，需要输入一个查询（以 JSON 格式编写），根据该查询，需要找到在其主体（"textBody"字段）中存在"health"一词的文档：

curl –XGET 'http：// localhost：9200/test/_doc/_search？ pretty=true' –H 'Content-Type：application/json' –d '

```
{
    "query": {
```

```
      "match": { "textBody": "health" }
    }
  }'
```

正确创建和填充数据库后，将获得结果：

```
{
 "took": 0,
 "timed_out": false,
 "_shards": {
  "total": 1,
  "successful": 1,
  "skipped": 0,
  "failed": 0
 },
 "hits": {
  "total": {
   "value": 1,
   "relation": "eq"
  },
  "max_score": 2.3004205,
  "hits": [
   {
    "_index": "test",
    "_type": "_doc",
    "_id": "LF37oXcButXogwwaY0uW",
    "_score": 2.3004205,
    "_source": {
       "title": "Coronavirus: health minister warns Hong Kong hospitals
could become overstretched if city removes all travel curbs",
       "textBody": "Secretary for Health Lo Chung-mau says government
must ensure path forward is 'a safe one' and will not 'cause any deaths'.",
       "source": "South China Morning Post",
       "PubDate": "2022-09-25T17: 14: 00Z",
```

```
        "URL": "https://www.scmp.com/news/hong-kong/health-
environment/article/3193741/coronavirus-health-minister-warns-hong-kong ?
utm_source=rss_feed"
        }
      }
    ]
  }
}
```

CRUD 操作

CRUD——Create，Read，Update，Delete 四个英语单词的缩写——表示数据管理的 4 个主要功能"创建、读取、更新和检索"。

在 Elasticsearch 系统中，CRUD 操作是面向文档的。以下是实现 CRUD 操作的 API：

——Index API；

——Get API；

——Update API；

——Delete API。

对 Elasticsearch 的查询

以上例子是对非结构化文本字段中一个术语的数据库查询。本例中的 JSON 查询使用了匹配查询选项。匹配查询是在全文搜索模式下使用的默认查询。它是高级查询之一，涉及源字段的解析器。

当一个匹配查询被执行时，预计会有以下操作：

（1）在特定字段（如"textBody"）内搜索所有文档中的术语。

（2）寻找最佳匹配项，按找到的频率降序排序。

当终端用户搜索术语时，有时需要在"textBody"（文档主体）和"title"（标题）两个字段中执行查询。这可以通过在多个字段中搜索查询来实现。

以下查询将找到所有在标题或描述栏中包含"cybersecurity"一词的文档：
curl –XGET

```
'http：//172.16.33.11：9200/_all/_search ？ pretty=true&size=100' –H
'Content–Type：application/json' –d '
    {
     "query"：{
     "bool"：{
      "must"：[
       {
           "multi_match"：{ "query"："cybersecurity",
           "fields"：["textBody"，"title"]
           }
       }
      ]
     }
    }
    }'
```

下面是另一个查询，它访问多个字段以获取"cyber security"短语。此外，搜索查询是按来源（"CTVNews.ca"）过滤的。

```
curl –XGET
'http：//172.16.33.11：9200/_all/_search ？ pretty=true&size=100' –H
'Content–Type：application/json' –d '
    {
     "query"：{
     "bool"：{
      "must"：[
       {
       "multi_match"：{ "query"："cyber security",
           "fields"：["textBody"，"title"]
         }
       }
      ],
      "filter"：[
       {
```

```
      "match": {
        "source": "CTVNews.ca"
      }
    }
  ]
}
}
}'
```

处理上述查询的结果是：

agregator@cyber_agregator_search：~/elastic$ ./query45_test_sm

```
{
  "took": 13,
  "timed_out": false,
  "_shards": {
    "total": 113,
    "successful": 113,
    "skipped": 0,
    "failed": 0
  },
  "hits": {
    "total": {
      "value": 2413,
      "relation": "eq"
    },
    "max_score": 21.18586,
    "hits": [
      {
        "_index": "hb",
        "_type": "_doc",
        "_id": "6piHNnUBmqEEOXSaGYZ0",
        "_score": 21.18586,
        "_source": {
```

"id"："20191111102600.62_hb"，

"title"："Nearly half of Canadians lack confidence in cybersecurity of CRA，Elections Canada：survey"，

"textBody"："Thursday，December 9，2021 10:20PM EST（Soumil Kumar / Pexels.com）Share：Reddit Share Text：According to a new survey，nearly half of Canadians lack confidence in the cybersecurity of Elections Canada and federal government services such as the Canada Revenue Agency. More than 100 ransomware attacks targeted notable Canadian sites in 2021，including hospitals and Rideau Hall，and in the wake of this，Canadians are feeling a lack of confidence in institutions' ability to protect from cyber threats，according to a report released by Angus Reid Institute on Thursday. The report detailed the results of a survey that found that more than half of Canadians said they were "not confident" that their municipal government had good cybersecurity，and half were not confident that their local health authority had good cybersecurity.

...

This survey comes after federal ministers urged Canadians to bolster their cybersecurity earlier this week，stating in an open letter that Canadians should build a response plan. METHODOLOGY The Angus Reid Institute conducted an online survey from Nov. 3–7，2021，among a representative randomized sample of 1，611 Canadian adults who are members of Angus Reid Forum. For comparison purposes only，a probability sample of this size would carry a margin of error of plue or minus 2.5 percentage points，19 times out of 20.."

"source"："CTVNews.ca"，

"user"："Cloud4Y"，

"pubDate"："2021-12-10T07：09：00Z"，

"URL"：

" https：//www.ctvnews.ca/canada/nearly-half-of-canadians-lack-confidence-in-cybersecurity-of-cra-elections-canada-survey-1.5701735"

}
},

...

}

5 Kibana 系统与 Elasticsearch 系统的连接

Kibana[8] 是用于 Elastic Stack 中数据可视化的工具，特别是有助于直观地呈现 Elasticsearch 系统中的数据。这个工具通常被称为 Elastic Stack 的窗口。Kibana 系统提供了几种可视化选项，如直方图、地图、线图、时间序列等。

该系统不仅可使数据可视化，还包含开发人员的工具，如 Console。

Kibana 系统还提供开发工具。您可以管理 X-Pack 设置以确保 Elastic Stack 中的安全性，并可使用开发工具创建和测试 REST API 请求。

安装 Kibana 系统

欲将 Kibana 下载到计算机（服务器），只需访问互联网上的下载页面 https：//www.elastic.co/downloads/kibana，选择所需的操作系统并激活相应的按钮（图 4）。

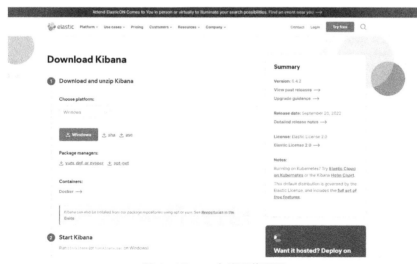

图 4 Kibana 在线下载页面

Kibana 是以 ZIP 文件的方式分发的。若启动 Kibana 系统，只需从 bin 目录中运行 kibana 或 kibana.bin 即可，具体取决于操作系统。

然后在本地计算机的浏览器中输入地址 http：//localhost：5601，就可以得到如图 5 所示的正常响应。

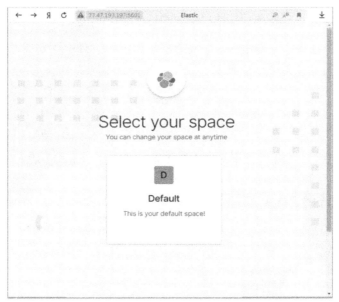

图 5　访问 Kibana 系统的首页

使用 Console 工具工作

点击超链接时，我们会得到一个操作模式选择面板（http：//localhost：5601/app/home#/3）。从这个面板中，我们首先选择使用 Console 工具（http：//localhost：5601/app/dev_tools#/console）。

当使用 REST API 进行任何可能的 Elasticsearch 操作时，Console 工具都将派上用场。也就是说，Kibana 系统不仅可用于可视化，还可作为一个用户界面与 Elasticsearch 系统进行交互。

Kibana Console 是一个方便的编辑器，支持在编写查询时自动完成和格式化。

启动 Kibana 后，选择左侧导航栏上的 Dev Tools（开发人员工具）链接。

Console 分为两个部分：编辑器字段和结果字段。你可以输入 REST API 命令，点击绿色三角形后，请求将被发送到 Elasticsearch（或集群）。

选择 Console 工具后，会显示相应的 Console 界面，如图 6 所示。

图 6　Console 工具界面

在图 7 的例子中，发送了一个 GET/ 请求。这类似于 curl 命令，只是短得多。在这种情况下，不需要键入 Elasticsearch 节点的 http、host 和 port，而是输入 http：//localhost：9200。

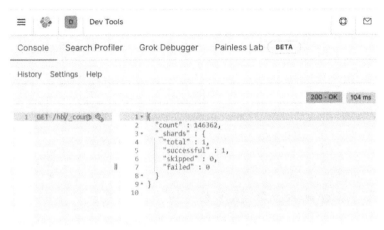

图 7　关于索引中记录数量的信息

一旦我们开始在 Console 编辑器中键入文本，我们就会得到可能的命令列表。

下面的示例演示如何获取有关 hb 索引中记录数量的信息（GET /hb/_count 命令）。

图 8 是处理查询的示例。

图 9 显示了按来源过滤的多字段搜索查询的结果。

图 8　在两个字段中按单词处理查询的结果

图 9　按"source"字段过滤处理请求结果

使用 Discover 工具工作

Kibana Discover 工具是为交互式数据分析而设计的，用户可以使用该工具进行搜索查询、过滤和查看文档数据。还可以保存搜索查询或过滤标准，以便重用或根据过滤的结果创建可视化。

图 10 显示了 200 天内 Huawei 这个词在 hb 索引中的搜索结果。

Discover 工具允许推出选定的字段进行研究，对个别字段的内容添加额外的过滤等。图 11 显示了在 200 天的时间范围内，通过过滤 Huawei 这个词，在 hb 索引中得到对 Huawei 这个词的搜索结果（日期、来源和标题）。可以看出，每天的文档数量图表在发生变化。

图 10　搜索结果的分析结果

图 11　过滤搜索结果分析

使用 Visualizations 工具工作

Kibana Visualizations 工具旨在创建基于数据的可视化图像（可视化）。有可能形成不同的设计选项：直方图、线图、地图、标签云等。用户可以选择必要的可视化，以促进数据分析。

要创建新的可视化，必须执行以下步骤：

（1）转到 Visualize 页面，单击 Create a new Visualization 或"+"按钮。

（2）选择可视化类型。

（3）选择数据源。

在第一个例子（图 12）中，创建了 Area 类型的可视化，其中使用缩写 HDD 作为搜索标准，选择 Habrahabr 源文档作为过滤条件，横轴对应的时间段为 200 天。hb 索引被视为信息来源。可视化界面如下所示。

图 12　搜索结果的 Area 类型可视化

在第二个示例中，创建了 Goal 类型的可视化，其中使用"安全性"一词作为搜索标准，使用源名称（source.keywords）作为被检查的参数。hb 索引被视为信息来源。可视化界面如下所示（图 13）。

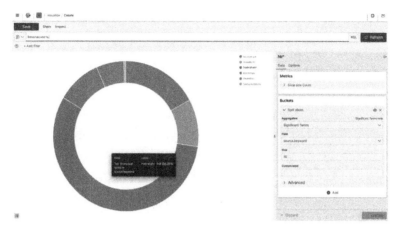

图 13　搜索结果的 Goal 类型可视化

因此，Kibana 是一个数据可视化和研究工具，适用于日志和时间序列分析、监控软件应用和当前流程等任务。它提供了强大而易于使用的功能：直方图、线形图、饼图、热力图和内置的地理空间支持。此外，Kibana 提供了与 Elasticsearch 的紧密交互，它默认为存储在 Elasticsearch 的数据的可视化工具。

6 数据集

数据汇总指的是从数据库中收集信息，以生成数据集组合供后续使用。许多情况下，用于机器学习、研究和在基于规则的系统中输入的源数据由不同的源、不同的格式和不同的时间等表示。

Elasticsearch 中的分析是为了获取数据的全貌。在搜索过程中，您可以详细查看多个条目，而分析能使您查看更广泛的数据并以不同的方式对其进行分组。

如何查询集

由 aggregations 项定义的 Elasticsearch 中的集能使您获取基于某些特征的广义数据。所有集的查询形式如下：

```
GET /<index_name>/<type_name>/_search
{
"query": {... 查询类型 ...},
"aggregations": {
…集类型…
}
},
"size": 0
}
```

集的项必须包含实际的集查询。查询主体取决于所需的集类型。可选的 Query 项指定集的操作语境，也就是说，如果需要限制集的操作语境，则必须指定 Query 项。集将考虑给定索引和类型的所有文件，除非指定了 Query 项（除非有其他请求，我们可以将其视为等于 match_all 查询）。例如，如果想让集不适用于所有数据，而仅适用于满足特定条件的特定文件，则需指定此参数。

查询会筛选出将被 Aggregations 项处理的文件。size 项指定响应中应返回多少个匹配的文件搜索，默认值为 10。如果未指定 size 值，则响应将包含不超过十个相关文件。一般情况下，如果只需要获得集的第一个测试结果，则需要将 size 项设为 0，以避免获得其他结果。

按需发布的趋势

如需获取 Elasticsearch 中按需发布数量的动态，则在日期和时间值相对应的字段中，将与主查询定义的主题相对应的数据列为集。具体来说，为了形成 hb 索引中与 Samsung 查询相对应的所有文件的日期集，我们在时间字段中输入 JSON 格式的查询：

```
curl –XGET 'http：//localhost：9200/hb/_search ？ pretty=true' ‑ H'Content-
Type：application/json'‑d'
{
"query"：
    {"multi_match"：
      {"query"："Samsung"，
      "fields"：
        ["title"，"textBody"]
      }
    },
"aggregations"：
    { "dates_with_holes"：
      { "date_histogram"：
        { "field"："pubDate"，
          "interval"："day"，
          "min_doc_count"：0
        }
      }
    },
"size"：0
}'
```

执行此查询后，我们得到以下用于制图的源数据类型的响应。

```
{
  "took": 2,
  "timed_out": false,
  "_shards": {
    "total": 1,
    "successful": 1,
    "skipped": 0,
    "failed": 0
  },
  "hits": {
    "total": {
      "value": 10000,
      "relation": "gte"
    },
    "max_score": null,
    "hits": []
  },
  "aggregations": {
    "dates_with_holes": {
      "buckets": [
        {
          "key_as_string": "2019-07-27T00：00：00.000Z",
          "key": 1564185600000,
          "doc_count": 1
        },
        {
          "key_as_string": "2019-07-28T00：00：00.000Z",
          "key": 1564272000000,
          "doc_count": 2
        },
        ...
        {
```

```
    "key_as_string"："2021-03-04T00：00：00.000Z"，
    "key"：1614816000000，
    "doc_count"：35
  }，
  {
    "key_as_string"："2021-03-05T00：00：00.000Z"，
    "key"：1614902400000，
    "doc_count"：40
  }
 ]
 }
 }
}
```

这些数据可以从 Console Kibana 工具中获得（图 14）。

与 key_as_string 和 doc_count 字段相对应的数据可以用于进一步处理。

图 14　Console Kibana 中的集结果

将数据转换为 CSV 格式

为了在专门的数字数据处理系统环境中应用查询结果，您可以使用

Python 语言将其转换为 CSV 格式，其代码如下所示：

```
#！ /usr/bin/python2.7
import sys
import re

t = sys.stdin.read（）
json =t.split（'\n'）
t=""
for i in range（len（json））：
  t=t+" "+json[i]

t=re.sub（'\s', '', t）
days = re.findall（' "key_as_string": "（.+？）T', t）
count = re.findall（' "doc_count"：（\d+）', t）

for i in range（len（days））：
  print days[i]+"；"+count[i]
```

运行该程序后，您可以获得以下类型的 CSV 格式数据：

2019-07-27；1
2019-07-28；2
2019-07-29；0
2019-07-30；1
2019-07-31；2
2019-08-01；0
2019-08-02；0
...
2021-03-02；12
2021-03-03；32
2021-03-04；35
2021-03-05；40

用 Excel 表格处理数据

为了进一步处理该格式的数据，让我们将上一步获得的 CSV 文件上传至 Excel[9] 并绘制信息动态图（图 15）。

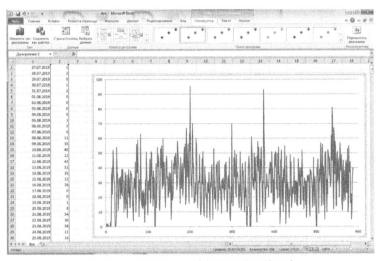

图 15　上传至 Excel 的数据和绘制的图表

一旦 CSV 文件上传到数字数据处理系统，就会实现简单的统计处理。图 16 给出了此操作下求该序列多项式趋势的一个例子。

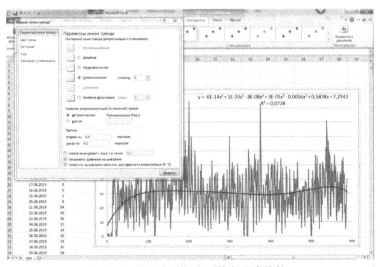

图 16　所研究时间序列的多项式趋势

55

在 WinPython 环境中运行

WinPython 工具（https：//winPython.github.io/）可以作为统计数据处理任务的编程环境。为此，我们安装了相关软件，这里我们使用的软件来自 sourceforge.net 网站（https：//sourceforge.net/projects/winpython/files/winpython_3.8/3.8.8.0/）。图 17 是 WinPython 网页的预览图。

图 17　WinPython 编程系统网页预览图

安装正版 WinPython 后，您可以激活 Jupyter Lab Web 处理环境，该环境可在 http：//localhost：8888/lab 上访问（图 18）。Python 3.8 软件可在该软件环境下运行，此外还可以显示图形图像。

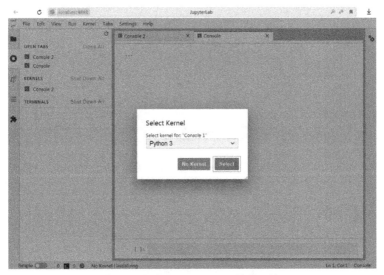

图 18　运行 Jupyter Lab 处理环境

时间序列校平

$D=\{d_t\}$，$t=1,\cdots,N$，所得到的时间序列的行为可以通过统计处理来确定。在某些情况下，考虑原始时间序列的校平版本是很有用的。校平处理有助于识别序列动态的显著趋势，同时隐藏噪声和在小尺度上出现的各种特征。存在不同的校平方法，最简单的校平方法是计算窗口平均移动。简单平均移动等于给定长度区间的数列项的算术平均值，即：

$$S = \{s_t\}, \quad s_t = \frac{1}{w} \sum_{k=-[w/2]}^{[w/2]} d_{t+k},$$

其中，w——校平间隔宽度（计算平均值的项数）；

s_t——点（$-[w/2] \leqslant t \leqslant [w/2]$）处的窗口平均移动值。

当使用窗口校平时，校平间隔的宽度越大，得到的函数就越平滑。图 19 显示了当 w 值增加到 8 时校平行 D 的状态。

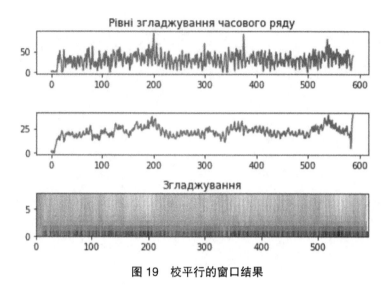

图 19　校平行的窗口结果

校平行的结果可以在图表中显示出来，其中横轴对应的是时间轴，沿纵坐标轴延迟校平宽度间隔。图中显示的是数值，即使用区间宽度为 w 时某点的校平序列的项。

以下是 Python 3.8 程序的代码，该程序可视化了不同校平窗口（纵坐标轴）下时间序列值的变化图 [10]。

```python
import matplotlib.pyplot as plt
import numpy as np
from matplotlib.colors import LogNorm

D=[1, 2, 0, 1, 2, 0, 0, 0, 0, 1, 3, 0, 11, 35, 40, 22, 43, 52, 35, 32,
...
38, 45, 23, 43, 23, 53, 10, 19, 55, 38, 37, 44, 16, 22, 5, 12, 32, 35, 40]

M=8
N=len（D）
Z=np.random.rand（M, N）
```

```
C=D
for i in range（N）：
  for j in range（M）：
    Z[j][i]=D[i]
for j in range（M）：
  for k in range（j，N–j）：
    Z[j][k]=0；
    for l in range（1，j）：
      Z[j][k]=Z[j][k]+D[k–l]
      Z[j][k]=Z[j][k]+D[k+l]

    Z[j][k]=Z[j][k]–D[k]
    Z[j][k]=Z[j][k]/（2*j+1）
fig,（ax0，ax1，ax2）=plt.subplots（3，1）
ax0.plot（D）
ax0.set_title（'时间序列校平级别'）
fig.tight_layout（）

for i in range（N）：
  C[i]=Z[7][i]

ax1.plot（C）
fig.tight_layout（）
ax2.pcolor（Z，cmap='plasma'）
ax2.set_title（'校平'）
fig.tight_layout（）
plt.show（）
```

另一种常用的序列校平方法是指数校平（图20）。

指数校平与之前不同的是，当找到校平水平时，使用级数从开始到当前的所有先前水平的值。这些值的取值应具有一定的权重，该权重随着其远离确定行级校平值的时间而减小。

59

数列的前值用指数递减的权值来考虑。我们将标记校平级数的项 s_t，并定义为 $s_0=d_0$。级数的下列项由递归公式获得：

$$s_t=\alpha d_t+(1-\alpha)s_{t-1}$$

其中 $0 \leqslant \alpha \leqslant 1$——校平系数很明显，当 $\alpha=1$ 时，集合 $S=\{s_t\}$，$t=1,\cdots,N$，同原来一致。因此，如果 α 值接近 1，则定义中的最大权重 s_t 分配给相应的 d_t，此时序列的影响较小。另外，如果 α 是 0，那么整个序列将校平到一个值 $s_t=d_0$。也就是说，当 α 接近 0 时，历史序列的权重将大于当前值。

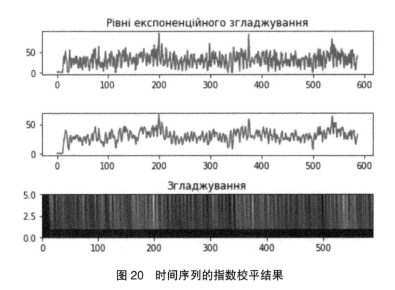

图 20　时间序列的指数校平结果

通过重复应用指数校平公式，可以通过级数的水平得到指数平均的显式表达式：

$$s_t = \alpha \sum_{i=0}^{t-1} (1-\alpha)^i s_{t-i} + (1-\alpha)^t s_0,$$

其中 s_0 表示初始条件的量。这样，指数均值具有指数分布的权重，折现系数为（$1-\alpha$）。

在实际的经济指标序列处理任务中，常建议选择 0.1 ~ 0.3 区间的参数值 α。然而，这似乎只适用于接近固定时间序列的情况。其他情况下，校平参数的选择是严格且独特的。

至于初始参数 S_0，在具体问题中，它要么等于级数第一级的值，要么等于级数前几项的算术平均值。

较低的代码是由 Python 3.8 的程序创建的，是在特定位置（按纵坐标计算）的时间序列值。

```python
M=5
N=len（D）
Z=np.random.rand（M，N）
C=D
for i in range（N）:
  for j in range（M）:
    Z[j][i]=D[i]


for j in range（M）:
  alf=j/M
  for k in range（1，N）:
    Z[j][k]=D[k]*alf+Z[j][k-1]*（1-alf）;


fig，（ax0，ax1，ax2）=plt.subplots（3，1）
ax0.plot（D）
ax0.set_title（'Рівні експоненційного згладжування'）
fig.tight_layout（）
for i in range（N）:
  C[i]=Z[2][i]
ax1.plot（C）
fig.tight_layout（）
ax2.pcolor（Z，cmap='plasma'）
ax2.set_title（'З гладжування'）
fig.tight_layout（）
plt.show（）
```

小波分析项

小波分析（Wavelet Analysis）也是评估观测序列的现代工具。除了具有一般的光谱特征外，在确定所研究过程的局部时间特征时，小波分析尤其有效。小波分析的基础是小波变换，它是一类特殊的线性变换，其基函数（小波）具有特定的性质。利用小波变换进行数据分析是一种方便、可靠、有力的时间序列研究工具，它能以易于解释的直观方式呈现结果[12-13]。

小波（小振幅波）是一种函数，它集中在某一点的小边缘，在时域和频域上随着距离的增加而急剧下降到零。有各种各样的小波，它们具有不同的性质。然而，所有小波都具有时间轴局部化的零整数值短波包的形式，它们在偏移和缩放时也不会变化。

可以对任何小波应用两个操作：

——移位，即其随着时间的推移转移其定位区域；

——缩放（拉伸或压缩）。

小波变换的主要思想是将非平稳时间序列分布在单独的间隔（所谓的"观察窗"）上，并在每个间隔上计算研究数据的标量积（表示两种模式的接近程度的量），在不同的尺度上对一些小波进行不同的移位。

在基小波的基础上，通过拉伸 / 压缩和并行平移构造函数族。这对于探索输出信号的不同区域和不同程度的细节是必要的。

在连续小波变换的帮助下，检测所研究系列中形状与小波最相似的部分。其中心思想是在不同的尺度上将系列的各个部分与某种模式进行比较。

小波变换是输出时间序列和一些基本小波之间的相关性。小波变换生成一组系数，通过这些系数表示初始级数。它们是时间和频率两个变量的函数，因此能够在三维空间中形成一个表面。小波变换取决于小波在轴上的位置及其尺度，其过程在小波刻度图和相应的骨架（极值线图）上清晰可见。这些系数显示了给定点的过程行为与给定尺度下的小波的相似程度，在给定点内分析的关系越接近小波的形式，相应的系数绝对值就越大。进行这些操作时考虑到小波在时频域的局域性，可以在不同尺度上分析数据并准确确定其特征随时间变换所处的位置。

在曲线图上，您可以看到原始系列的所有特征：周期性变化的规模和强度、趋势的方向和意义、局部特征的存在、位置和持续时间。

最常见的实小波基函数是基于高斯函数（$g_0(t)=\exp(-t^2/2)$）导数构造的（图 21）。这是因为高斯函数在时域和频域都具有最佳的定位性能。当 $n=1$ 时，我们得到了一阶小波，即所谓的零动量的 WAVE 小波；当 $n=2$ 时，我们得到 MHAT 小波——"墨西哥帽"（Mexican Hat）；当 $n=3$ 时，我们会得到莫尔（Morle）小波。

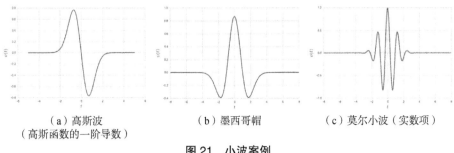

（a）高斯波　　　　　　（b）墨西哥帽　　　　（c）莫尔小波（实数项）
（高斯函数的一阶导数）

图 21　小波案例

获得的小波系数可以用图形来表示。如果在一个轴上绘制小波的移位（时间轴），在另一个轴上绘制刻度（刻度轴），并根据相应系数的大小给图表中的点着色（系数越大，颜色越亮）。

$W_f(a,b)$ 小波谱（Wavelet Spectrum，关于 Time–Scale–Spectrum 的尺度频谱）是两个自变量的函数：第一个自变量 a 类似于振荡周期，即频率倒数，第二个 b 类似于信号沿时间轴的位移。

需注意，$W_f(a_0,b)$ 指时间关系（当 $a=a_0$ 时），而 $W_f(a,b_0)$ 关系可以与频率关系对应起来（当 $b=b_0$ 时）。

如果要研究的信号 $f(t)$ 是一个以邻域 $t=t_0$ 为中心，持续时间为 τ_μ 的单位脉冲，那么它的小波谱在坐标点 $a=\tau_\mu$，$b=t_0$ 的邻域数值最大。

获得的系数用图形表示，即变换系数图或谱系图（图 22）。小波的移位（时间轴）绘制在一个轴上，尺度（刻度轴）绘制在刻度图上，之后根据相应的系数值对所得到的绘图点进行着色（系数越大，图像的颜色越亮）。谱系图显示了原始序列的所有特征：周期性变化的规模和强度，趋势的方向和幅度，局部特征的存在、位置和持续时间。

```
import matplotlib.pyplot as plt

import pywt
```

```
f_s = 100          # Sampling rate

x=[1, 2, 0, 1, 2, 0, 0, 0, 0, 1, 3, 0, 11, 35, 40, 22, 43, 52,
35, 32,
...
45, 23, 43, 23, 53, 10, 19, 55, 38, 37, 44, 16, 22, 5, 12, 32,
35, 40]

N=len（x）
t= range（N）

####### Visualization

fig,（ax1, ax4）= plt.subplots（2, 1, sharex = True, figsize =（10, 8））

# Signal
ax1.plot（t, x）
ax1.grid（True）
ax1.set_ylabel（"发布数量"）
ax1.set_title（"发布趋势"）

# Wavelet transform, i.e. scaleogram

cwtmatr, freqs = pywt.cwt（x, range（1, N）, "mexh", sampling_period
= 1 / f_s）
ax4.pcolormesh（t, freqs, cwtmatr, vmin=-100, cmap = "inferno"）
ax4.set_ylim（0, 10）
ax4.set_ylabel（"规模"）
ax4.set_xlabel（"时间"）
ax4.set_title（"Скейлограма на бази вейвлету MexH"）

# plt.savefig（"./fourplot.pdf"）
```

plt.show（ ）

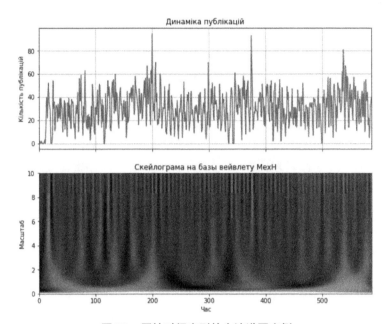

图22 原始时间序列的小波谱图实例

7　网络数据的分析与可视化

最近，一个独立的科学和实践方向脱颖而出——社会网络分析（SNA，Social Networks Analysis），其一方面基于社会学；另一方面基于复杂的网络理论（Complex Networks）。在复杂网络理论的框架下，不仅从网络拓扑结构的角度，而且从统计现象、单个节点和边的权重分布、流动和传导效应等方面来研究网络特性。尽管复杂网络理论需考虑到不同的网络（电力、交通、信息），但对该理论发展所做出最大的贡献是对社会网络的研究。

在复杂网络理论中，有 3 个主要方向：

——研究表征网络行为的统计属性；

——建立网络模型；

——预测网络结构性质变化时的行为。

介质

介质（Betweenness）是一个节点参数，显示有多少最短路径通过它。这一特性反映出给定节点在网络中建立通信的作用。介质性最大的节点在网络中与其他节点间建立联系方面起着主要作用。节点 b_m 的介质由下式确定。

$$b_m = \sum_{i \neq j} \frac{B(i, m, j)}{B(i, j)},$$

其中 $B(i, j)$ 指节点 i，j 之间的最短路径总数，$B(i, m, j)$ 指节点 m 与通过节点的节点之间的最短路径数。

网络参数

在应用研究中，网络分析的典型特征如网络规模、网络密度、中心性度量等是最常用的。在分析复杂网络时，就像在图论中一样，进行如下研究。

——单个部件的参数；

——整个网络的参数；

——网络子结构。

对于单个节点，选择以下参数。

——节点的输入半度——进入节点的图边的数量；

——节点的初始半度——图离开节点的边数；

——从这个节点到其他节点的平均距离；

——偏心度（Eccentricity）——从该节点到其他节点的最大测地距离（节点之间的最小距离）；

——介质（Betweenness），显示有多少条最短路径通过给定节点；

——中心性参数，如给定节点相对于其他节点的链路总数。

用于分析整个网络的参数如下。

——节点数量；

——边的数量；

——节点之间的平均距离；

——密度——在给定节点数 N 的情况下，网络中的边数与可能的最大边数 $N（N–1）/2$ 的比值；

——对称性、传递性和循环性三要素的数量；

——网络直径为网络中的最大测地距离等。

网络的一个重要特征是节点 $P(k)$ 的程度分布函数，定义为任意网络节点 i 的程度为 $k_i=k$，具有不同特征 $P(k)$ 的网络表现出不同的行为方式，在某些情况下，$P(k)$ 可能是指数型的泊松分布 $(P(k)=e^{-m}m^k/k!)$，m 为数学期望值；还可能是指数 $(P(k)=e^{-k/m})$ 或者幂 $(P(k) \sim 1/k^\gamma, k \neq 0, \gamma > 0)$。

节点级呈阶段性分布的网络被称为无标度网络（Scale Free）。具体来说，在真正的公共网络中经常观察到这种现象。在幂分布下，有可能出现存在度非常高的节点，这在泊松分布网络中几乎是不可能的。节点之间的距离被定义为从一个节点到达另一个节点的边数。

节点 i 和 j 间的最短路径 d_{ij} 为它们之间的最小距离。对于整个网络来说，可以引入平均路径的概念，以它们所有节点间最短距离对的平均值来表示。

平均最短距离可用下列公式表示。

$$l = \frac{2}{n(n+1)}\sum_{i \geq j}d_{ij},$$

其中 n—节点数，d_{ij}—节点间 i 和 j 的最短距离。

匈牙利数学家帕尔·埃尔多斯（P. Erdös）和阿尔弗雷德·任易（A.

Rényi）表明，随机图（埃尔多斯 – 任易模型）中两个顶点之间的平均距离以其节点数的对数增长。

全局效率系数

网络可能是不连贯的，也就是说，有一些节点之间的距离是无限大的。因此，根据平均最短距离公式，平均路径也是无限大的。为了说明这种情况，我们引入了节点之间平均反向路径的概念（也称为"全局网络效率"），其计算公式如下：

$$il = \frac{2}{n(n-1)} \sum_{i>j} \frac{1}{d_{ij}},$$

全局网络效率的倒数——平均调和测地距离：$h = 1 / il$。

找到关键网络组件的方法之一是寻找最脆弱的节点。来自节点的网络脆弱性可以定义为当节点及其所有相邻的边从网络中移除时，网络全局效率下降。网络节点的效率可用以下公式表示。

$$V_i = (il - il_i) / il,$$

其中 il 是源网络的全局效率，il_i 是移除节点 i 及其所有相邻边后的全局效率。

节点在这个量上的有序分布与整个网络的结构有关。因此，对网络脆弱性影响最大的节点在网络层次结构中的地位最高。网络脆弱性的衡量标准是来自所有节点的最大脆弱性：

$$V = \max V_i。$$

聚类系数

乔治·沃茨（D. Watts）和斯蒂芬·斯特罗格茨（S. Strogatz）于 1998 年定义了一个网络参数，即聚类系数，它表示网络中节点的连接水平，即形成互联节点群的趋势，即所谓的点击（CLIQUE）。

对于特定节点，聚类系数显示给定节点的最近节点之间有多少也是彼此的最近节点。

聚类系数既可以为每个节点定义，也可以为整个网络定义。对于网络，聚类系数被定义为单个节点的相应系数的和，由节点数归一化。

单个网络节点的聚类系数定义如下。让一条边 k 从一个节点出现，将其与其他节点，即其最近的节点连接起来。假设所有最近的相邻节点都直接相互连接，它们之间的边数将是与所选节点最近的节点可能连接的最大边数 $1/2 \cdot k(k-1)$。连接此节点 i 的最相邻的实际边数与可能的最大边数（此节点的所有相邻节点直接相互连接的数量）之比称为节点的聚类系数 $C(i)$。

模块化

模块化是为测量将网络划分为模块（集群、点击）的程度而引入的网络参数之一。

它是所划定的网络中一个集群内边的比例与网络中边的预期比例之间的差异。其中，顶点不变，但边随机分布。

为了计算模块化，使用了邻接矩阵的概念。邻接矩阵 A 由项 A_{vw} 组成，如果节点 v 不连接到节点 w，这些项的值为 0，如果这些节点相互连接，则 v 和 w 之间有连接权重。

网络的模块化可以用公式来表达：

$$Q = \frac{1}{2m} \sum_{v,w} \left[A_{vw} - \frac{k_v k_w}{2m} \right] \delta(c_v, c_w),$$

其中，A_{vw}——邻接矩阵 A 的项，m——图中的边数，$k_v k_w$——分别是节点 v 和 w 的幂，δ——克罗内克符号（显示节点 v 和 w 是否在同一个模块中）。

因此，模块化是衡量聚类质量的一个标准，在此基础上构建了广泛的网络群体检测算法。

网络现象

"社区结构"是指节点群（集群）之间边的密度高，而单个群体之间边的密度低。传统的群落结构识别方法是聚类分析。有无数种基于节点之间距离的不同维度的聚类分析方法。对于大型社交网络来说，社区结构的存在已被证明是一种固有的属性。

"弱耦合"的含义

所谓的"弱耦合"也属于真实社交网络的属性。例如，弱社会关系类似于与遥远的熟人和同事的关系。在某些情况下，这些联系被证明比强有力的联系更有效。因此，最近在移动通信领域得出的结论是，个人之间的"弱"社会联系对社交网络的存在最为重要。

人们发现，正是松散的社会联系将广泛的社会网络联系在一起。如果忽略这些联系，网络将分解为单独的片段，即网络的连通性将被破坏（图23）。事实证明，"弱耦合"是将网络连接成一个整体。

 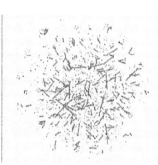 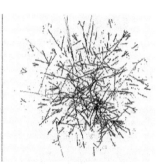

（1）完整的社会传播网络　　（2）疏于联系的社交网络　　（3）删除强连接的网络：结构保持连通性

图 23　网络结构

小世界（Small World）

尽管一些社交网络规模巨大，但在许多社交网络中，任何两个节点之间都有相对较短的路径——地测距离。1967年，心理学家斯坦利·米尔格拉姆通过大规模实验计算出，几乎任何两个美国公民之间都有一条平均涉及6层关系的人脉网络。

乔治·沃茨和斯蒂芬·斯特罗格茨发现了许多真实网络中的现象，称为小世界现象。在研究这种现象时，他们开发了一个程序来构建这种现象所固有的网络视觉模型。该网络的3种状态如图24所示：规则网络——每个节点都连接到4个相邻的网络，其中一些"近"联系被"远"联系随机替换（这就是小世界现象发生的情况），以及一个随机网络，其中此类替换的数量超过了一定的阈值。

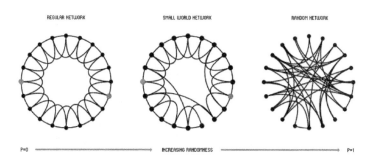

图24　沃茨－斯特罗格茨模型

事实证明，那些同时具有多个局部节点和随机"远程"连接的网络能够同时表现出小世界现象和高聚类水平。

图25给出了乔治·沃茨和斯蒂芬·斯特罗格茨人工网络从建立"远程连接"概率（半对数标度）的平均路径长度和聚类系数的变化。

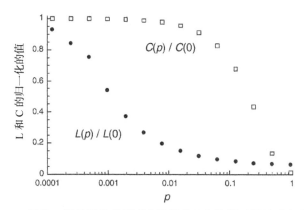

图25　沃茨－斯特罗格茨模型中路径长度和聚类系数的动态变化

富人俱乐部现象

WWW是能够证实小世界现象的网络。施周（S.Zhou）的Web拓扑分析和伦敦大学的蒙德拉贡（R.J.Mondragon）表明，源超链接程度高的节点之间的连接比小节点之间的连接多，而后者与大节点之间的连接比它们之间的连接多。这种现象被称为"富人俱乐部"（Rich-Club Phenomenon）。研究表明，有27%的连接能链接到5%的最大节点，60%的连接能链接5%最大节点和其他剩余95%的节点，只有13%的连接与5%最大节点无关。

这些研究表明，WWW 对大型节点的依赖比以前想象的要显著得多，这意味着它更容易受到恶意攻击。与小世界概念相关的还有一种称为"网络动员"的做法，它是在小世界结构之上实施的。特别是，与随机网络相比，真实网络中的小世界现象导致的信息传播速度提高了几个数量级，因为真实网络中的大多数节点对是由短路径连接的。

随机埃尔多斯 – 任易网络模型

经典随机图有两种模型，第一种认为图的 n 个顶点对之间 m 条边是任意独立分布的；在第二个模型中，确定了可能性 M，其中任何一对顶点都可以与之连接。在 $M \to \infty$ 和 $N \to \infty$ 时，对于这两种方案，节点级数 K 的分布由泊松公式确定：

$$P(k) = e^{-\langle k \rangle} \frac{\langle k \rangle^k}{k!},$$

其中第一个模型节点级的平均值为 $<k> = 2M / N$，第二个模型为 $<k> = MN$。其中，埃尔多斯 – 任易网络的最短路径长度为 $<l> = \ln(N) / \ln(<k>)$，聚类系数为 $C \sim <k> / N$。

Barabashi-Albert 随机网络模型

Barabashi-Albert 随机网络模型的构建场景基于两种机制——增长和优先连接（preferential attachment）。模型使用了这样的算法：网络增长从少量节点 n_0 开始，在每个时间步骤中从 $n < n_0$ 中添加一个的新节点连接到现有节点的链路；首选的加入方式是，新节点加入现有节点 i 的概率 $P(k_i)$ 取决于节点 i 的度数 k_i：

$$P\left(k_i\right) = \frac{k_i}{\sum_j k_j}。$$

在分母中，对所有节点进行求和。计算机模型和分析解决方案都给出了指数 γ 值接近 3 的节点阶梯渐进分布。

社会网络分析的一个领域是可视化，这很重要，因为它往往可以在不需要精确分析方法的情况下，得出关于节点主体交互性质的重要结论。在显示网络模型时，可能需要：

——网络节点的二维布局；

——根据某些数量性质在一个维度上对物体进行空间排序；

——使用所有网络图通用的方法来显示对象和关系的定量和定性属性。

网络节点排名

世界上两个最著名的节点排名算法，一是由 IBM 公司乔恩·克莱因伯格（Jon Kleinberg）博士编写的 HITS（Hyperlink Induced Topic Search），另一种是由斯坦福大学谢尔盖·布林（Sergey Brin）和拉里·佩奇（Larry Page）编写的 PageRank 算法。

HITS 算法

HITS 算法能够确保从网络中选择最佳"作者"（链接到的节点）和"介质"（引用链接远离的节点）。

如果节点包含对有价值的源的引用，那么它被视为是一个很好的介质，反之，如果节点被好的介质引用，那么它就是一个很好的作者。

对于每个节点 $d_j \in D$，其作为作者 $a(d_j)$ 和介质 $h(d_j)$ 的重要性判断是根据如下公式进行递归计算得出的：

$$a(d_j) = \sum_{i \to j}^{|D|} h(d_i), \ h(d_j) = \sum_{j \to i}^{|D|} a(d_i)$$。

这种情况下，在第一个公式中，只有引用带有索引 j 的节点的介质值才被计入总和。

因此，在第二个公式中，只有带索引 j 的节点所引用的节点的作者值才被列入总和中。在算法的每一步中，值 $a(d_j)$ 和 $h(d_j)$ 都作归一化处理。

PageRank 算法

将 PageRank 算法应用于任何节点，同时考虑到从其他节点到给定节点的引用数。同时，与 HITS 一样，与文献引用索引不同，PageRank 并不认为所有引用都是等同的。

PageRank 节点排名的计算原理基于用户使用以下算法的"随机漫步"模型：他打开一个随机节点（网页），从该节点访问随机选择的链接。然后他继续移动到另一个网页并再次激活随机链接，以此类推，不断地从一个页面到另一个页面，最终再也没有回来。有时，当他有 $1-\delta$ 的可能性厌倦了这种闲逛，或者页面上没有指向其他页面的链接时，他会再次访问一个随机的网页——不是通过链接，而是通过手动输入一些 URL。其假设是，在线用户访问某个特定网页的概率是依据其排名。显然，节点的 PageRank 越高，引用它的其他节点越多，这些节点也越受欢迎。

我们让 n 个节点 $\{d_1,d_2,\cdots,d_n\}$ 引用给定节点（网页 A），且 $C(A)$ 为节点 A 与其他节点的链接总数。定义一个固定的值 δ 为用户在浏览集合 D 中的任何网页时，通过链接而不是明确输入其 URL 进入该节点 A 的概率。

在该模型中，该用户通过手动输入随机页面的 URL，从非参考网页继续上网的概率为 $1-\delta$（链接跳转的替代方案）。节点 A 的 PageRank 索引 $PR(A)$ 被视为用户发现自己处于该节点上某个随机时间点的概率：

$$PR(A) = (1 - \delta) / N + \delta \sum_{i=1}^{n} \frac{PR(d_i)}{C(d_i)} \text{。}$$

根据该公式，可以通过简单的迭代算法计算节点指数。

尽管 HITS 和 PageRank 不同，但这些算法的共同点是节点的权威性（权重）取决于其他节点的权重，而"介质"的级别取决于它所引用的节点的权威程度。

检索文件数组

为了进一步处理文本文件，特别是提取最有意义的关键字，需要从 Elasticsearch 数据库中获取测试文件。通过查询 Elasticsearch 系统，例如可以通过 Kibana 系统输入索引 HB 中存储的信息，获取与某些主题查询（例如关键字 Samsung）相关的此类文件（图 26）：

```
{
"query":
    {"multi_match":
      {"query": "Samsung",
      "fields":
          ["title", "textBody"]
      }
    },
    "size": 1000
```

}

选择的信息在 Kibana 界面（Console）的右侧框架中提供，然后以 JSON 格式存储在 Samsung.txt 文件中（图 26）。

图 26 选定的 JSON 文件

形成词典

为了从存储于 Samsung.json 文件中的结果文件 D 数组中形成单词字典，那么需要在 Python 环境中合并字段"title"和"textbody"的所有内容，用空格替换所有分配字符，并使用正则表达式定义所有单词。在对单词词典进行排序后，我们将只确定唯一的单词及其在数组 D 中出现的绝对频率。对于每个单词 t，这个值是 tf(t)。下面是 Python 源代码片段：

```
import re
import string
f = open（"G：/samsung.json"，"r"）
t = f.read（）
f.close（）

json=t.split（'\n'）
t=""
```

```python
for i in range（len（json））：
    t=t+" "+json[i]
#print（t）
title = re.findall（' "title"： " （.+？） "source"'，t）
t=""
for i in range（len（title））：
    t=t+" "+title[i]
t=re.sub（' "textBody"： '，''，t）
t=re.sub（'[-- "" [\]\/？0-9"，.（）$+》《—：；_…]'，''，t）
t=t.upper（）
t=re.sub（'\s\w\s'，''，t）
t=re.sub（'\s\w\w\s'，''，t）
t=re.sub（'\s\s+'，''，t）
word =t.split（' '）
word.sort（）

# Dictionary building
d={}
old=""
n=0；
for i in range（len（word））：
    if（word[i] == old）：
        n=n+1；
    else：
        #print（old，n）
        d[old]=n
        old=word[i]
        n=1
d[old]=n
#print（d）

sorted_dict = {}
```

sorted_keys = sorted（d，key=d.get，reverse=True）# [1，3，2]

for w in sorted_keys：
　　sorted_dict[w] = d[w]

print（sorted_dict）

作为程序运行的结果，我们得到了一个按频率排序的单词列表（图27）。

选择加权词

为了确定单词 t 的权重 w，我们将使用频率法，即从基于分析形成的词汇数组中选择频率最高的单词：

$$w(t) = \sum_{\{d:\ t \in d\}} tf(t,d),$$

其中 f(t,d) 为文件 D 中单词 t 的出现频率。

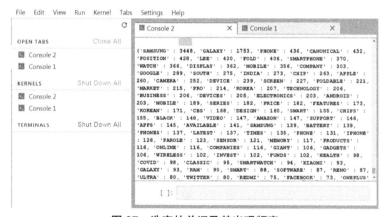

图27　选定的单词及其出现频率

如您所见，频率最高的词也包括不带内容负载的词，即所谓的"停止词"。语言科学家编制的不同语言的停止词列表可在互联网上找到，例如 https：//code.google.com/archive/p/stop-words/。

下一步选择权重最高的词 M，例如 M=50，不包含在停止词词典中。下面是一段 Python 程序代码：

```
f = open（"G：/stop.txt"，"r"）
t = f.read（）
f.close（）
t=t.upper（）
stop =t.split（'\n'）
M=50
j=1
sorted_dict = {}
sorted_keys = sorted（d，key=d.get，reverse=True）# [1，3，2]

for w in sorted_keys：
    sorted_dict[w] = d[w]
    pr=0
    for i in range（len（stop））：
        if（stop[i] == w）：
            pr=1
    if（pr == 0）：
        print（j，w，sorted_dict[w]）
        j=j+1
    if（j > M）：
        break
```

以下是 Elasticsearch 数据库文件中经查询 "Samsung" 主题后确定的最相关的 20 个单词列表：

3448 SAMSUNG

1753 GALAXY

436 PHONE

432 CANONICAL

428 POSITION

420 LEE

406 FOLD

370 SMARTPHONE

366 WATCH

362 DISPLAY

356 MOBILE

303 COMPANY

289 GOOGLE

273 INDIA

263 CHIP

260 APPLE

252 CAMERA

239 DEVICE

227 SCREEN

215 MARKET

所得结果被写入磁盘。

概念邻接矩阵的形成

很明显，图结构或网络可以由邻接矩阵定义。对文件和关键词数组进行分析，形成一个概念网络，概念是节点，它们之间的链接是边。形成概念邻接矩阵的方法如下：如果两个概念是同一句子的一部分，则认为它们是相关的。句子被定义为文本的一部分，由适当的分布字符分隔。在这种情况下，概念的连接强度对应于相应词同时出现的句子数量。默认情况下，概念本身与自身的关联权重被认为是零。

概念邻接矩阵 $A=\|a_{i,j}\|$，其中 $a_{i,j}$ 为概念 i 和 j 之间的关系强度（权重）。

为了在 GEPHI 图分析和可视化系统中显示网络，需要将邻接矩阵加载到其中，该矩阵应为以下格式：

$$; Concept_1; Concept_2; Concept_3; ...; Concept_M$$
$$Concept_1; a_{1,1}; a_{1,2}; a_{1,3}; ...; a_{1,M}$$
$$Concept_2; a_{2,1}; a_{2,2}; a_{2,3}; ...; a_{2,M}$$
$$Concept_3; a_{3,1}; a_{3,2}; a_{3,3}; ...; a_{3,M}$$
$$...$$
$$Concept_M; a_{M,1}; a_{M,2}; a_{M,3}; ...; a_{M,M}$$

以下是 Python 编程语言中的一段代码，使用上一节（文件 g：/words.txt）中描述的方法获得的单词作为概念的对应单词，形成 Words.csv 文件：

```
import re
import string
import numpy as np

f = open（"G：/samsung.json"，"r"）
t = f.read（）
f.close（）
json =t.split（'\n'）
t=""
for i in range（len（json））：
    t=t+" "+json[i]
title = re.findall（' "title": "（.+？）"source"'，t）
t=""
for i in range（len（title））：
    t=t+" "+title[i]
t=re.sub（' "textBody": '，'.'，t）
t=re.sub（'[--% "" [\]\/0-9，（）$+》《-：；_…]'，''，t）
t=t.upper（）
sent =t.split（'.'）
print（sent）
f = open（"G：/word.txt"，"r"）
t = f.read（）
f.close（）
```

```
t=t.upper（）
w =t.split（'\n'）
for i in range（len（w））：
  s =w[i].split（' '）
  w[i]=s[1]

mtr = np.eye（len（w））
for i in range（len（w））：
  mtr[i][i]=0
stroka=""
for i in range（len（w））：
  stroka=stroka+"; "+w[i]
print（stroka）

for i in range（len（sent））：
  for j in range（len（w））：
    for k in range（len（w））：
      if（j！ =k）：
        if（re.search（w[j]，sent[i]））：
          if（re.search（w[k]，sent[i]））：
            mtr[k][j]=mtr[k][j]+1

for i in range（len（w））：
  stroka=w[i]+"; "
  for j in range（len（w））：
    a=int（mtr[i][j]）
    b=a.__str__（）
    if（j<len（w）-1）：
      stroka=stroka+b+"; "
    else：
      stroka=stroka+b
  print（stroka）
```

程序执行的结果是上述格式的文件（图 28）。

	A	B	C	D	E	F	G	H	I	J	K	L	M	N
1		SAMSUNG	GALAXY	NOTE	ULTRA	COMPANY	IXBT	SMARTPH(	FOLD	ELECTRON	LINE	FLIP	IMAGES	MODEL
2	SAMSUNG	0	2924	570	510	1008	570	1570	309	299	201	196	195	338
3	GALAXY	2924	0	684	571	379	327	1054	370	78	216	219	136	287
4	NOTE	570	684	0	183	65	68	249	61	22	59	27	31	67
5	ULTRA	510	571	183	0	47	56	148	21	8	20	17	37	66
6	COMPANY	1008	379	65	47	0	10	420	51	151	48	38	22	69
7	IXBT	570	327	68	56	10	0	115	36	8	4	23	9	10
8	SMARTPH(	1570	1054	249	148	420	115	0	163	58	133	93	73	132
9	FOLD	309	370	61	21	51	36	163	0	6	16	60	5	34
10	ELECTRON	299	78	22	8	151	8	58	6	0	9	2	8	5
11	LINE	201	216	59	20	48	4	133	16	9	0	9	8	38
12	FLIP	196	219	27	17	38	23	93	60	2	9	0	1	19
13	IMAGE	195	136	31	37	22	9	73	5	8	8	1	0	20
14	MODEL	338	287	67	66	69	10	132	34	5	38	19	20	0
15	SCREEN	430	277	52	55	97	27	216	49	9	20	33	50	54
16	DEVICE	335	175	45	12	115	8	128	23	24	17	6	9	21
17	BUDS	110	139	21	16	15	16	30	14	4	6	7	5	8
18	CAMERA	360	310	49	85	38	29	170	10	4	7	4	66	28
19	MARKET	160	44	10	6	80	10	88	13	5	6	5	8	11
20	ANDROID	137	86	21	7	18	20	87	1	4	4	4	1	6
21	PRO	158	128	55	39	19	19	54	6	3	4	5	11	23

图 28　程序执行结果 –CSV 文件

8 网络数据可视化：GEPHI 系统

GEPHI（https：//gephi.org/）是目前最流行的网络和图（"网络图"）可视化和分析程序[14-15]。GEPHI 提供了快速的布局、高效的过滤和交互式的数据探索功能，是大规模网络可视化的最佳选择之一。

GEPHI 是一个多平台软件，根据 CDDL 1.0 和 GNU General Public License v3 进行开源分发。Mac OS X，Windows 和 Linux 版本的源代码可在 https：//gephi.org/（图 29）上获得。该应用程序需在 Java 版本 7 及更高版本才能运行。目前已被本地化为以下语言：英语、法语、葡萄牙语、俄语、汉语、捷克语和德语。

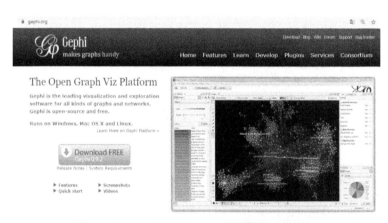

图 29　GEPHI 启动窗口——最新版本下载按钮

GEPHI 开发人员将该应用程序描述为"用于数据开发的 Photoshop"。

GEPHI 允许以 GEXF，GDF，GML，GraphML，Pajek（NET），Graphviz（DOT），CSV，UCINET（DL），Tulip（TPL），NetDraw（VNA）和 Excel 表 格 格式加载网络数据。此外，GEPHI 允许导出 JSON，CSV，PAJEK（NET），GUESS（GDF），GEPHI（GEFX），GML 和 GraphML 格式的网络数据。因此，GEPHI 可以与其他图形分析和渲染系统进行交互。

该程序包括许多不同的布局算法（将图形锁定在平面上），并允许您自定义图形中的颜色、尺寸和标签。GEPHI 是一个交互式软件，提供探测社区的工具，并提供了计算从任何节点到该节点的最短路径或相对距离的能力。GEPHI 插件允许您扩展其功能并添加新的算法、布局和测量工具。GEPHI 具有多线程数据处理方案，因此可以同时执行多种类型的分析。

GEPHI 系统的用户界面包括 3 个主要部分（窗口）：

——"数据实验室"：所有原始网络数据以及附加计算值都存储在这里；

——"数据处理"：用户的大部分操作都在这里进行，特别是手动编辑网络、测试布局、安装过滤器；

——"预览"：这里对图的输出形式进行了细化，一般借助工具箱，从审美等方面对图进行细化。在同一窗口中，实现了将图导出为 PDF、PNG 和 SVG 格式的调用。

这 3 个主要部分涵盖了许多标签，允许用户实现个别功能。

数据实验室

创建网络图所依据的所有数据都存储在"数据实验室"中，这是一个图形数据存储库。虽然数据实验室可能看起来像一个电子表格，但不应将其功能与 Excel 或 Google Spreadsheet 混淆。一些数据处理操作可以在这里完成，但最好在导入 GEPHI 之前就准备好网络基础数据。当需要创建各种大体积数组时，使用电子表格工具更容易。同样，基于特定排序方案的字段的值最好在 GEPHI 之外创建。

这并不意味着实验室中的数据是完全静态的。例如，所有统计计算和聚类计算将在进程启动时自动向每个节点添加新值。还可以选择向表中添加列、将数据从一列复制到另一列、删除列等等。但是，在节点或边缘级别进行大规模更改可能会非常耗时，特别是当所研究的网络数据集由数千个值组成时。

数据处理窗口

首先在数据处理窗口查看所有网络数据，GEPHI 在该窗口中提供所研究网络的初始视图。网络的初始视图可能是原始的，但随后会对该视图进行特殊处理。与网络堆叠、过滤、分割、着色和任何其他布局设置相关的所有应用程序主要在此窗口中可见。

图形窗口与多个工具栏相邻，每个工具栏包含许多功能。这些选项中的每个选项的功能通常都很直观。

预览窗口

GEPHI 预览窗口允许用户自定义在原始图形窗口中创建的各种属性。在这里，您可以自定义节点标签，选择字体、大小、颜色、轮廓、标签等。这些操作可以根据图的密度和复杂性做出；在大型密集图中，建议只指定最大的节点。

节点的外观也通过指定边框宽度、边框颜色和透明度参数来设置。在这种情况下，您可以随时切换到数据处理窗口在 GEPHI 中进行批量设置，然后切换到预览窗口并更新图的显示。

为了调整图边的外观，提供了以下设置，如调整边的厚度、颜色、透明度、弯曲边的可能性、标签设置。对于定向边，可以配置边箭头。

预览窗口还包含内置的 GEPHI 导出选项，特别是导出为 SVG、PDF 和 PNG 格式：

——PNG：最简单的选择。此选项以 PNG 图形格式提供图形输出，但在编辑方面明显受到限制；

——SVG：导出到 SVG 创建可伸缩的矢量图形，可以在 Inkscape 等其他程序中编辑；

——PDF：导出到 PDF 允许您创建一个文件，然后可以使用多个编辑器将其编辑为 PDF，这最终将允许您自定义描述图形的标题或其他符号。

——GEPHI：允许以 GEXF、GDF、GML、GraphML、Pajek（NET）、Graphviz（DOT）、CSV、UCINET（DL）、Tulip（TPL）、NetDraw（VNA）和 Excel 表格格式加载网络数据。此外，GEPHI 允许导出 JSON、CSV、PAJEK（NET）、GUESS（GDF）、GEPHI（GEFX）、GML 和 GraphML 格式的网络数据。因此，GEPHI 可以与其他图分析和可视化系统进行交互。

辅助选项卡窗口

GEPHI 提供了许多"环绕"工作区（模式窗口）的辅助选项卡，允许用户在图形上执行操作，而无须在多个窗口之间切换。这使得用户更容易采用迭代的方法来管理和分析图形。

筛选选项卡

筛选选项卡应用许多标准来缩小所研究网络的大小，以便更好地了解它。

如果网络又大又密，就很难导航。

过滤器中有专业的工具，可用于对图表进行系统的研究以及搜索任何一个图表。GEPHI 可创建多条件的单独或复合的过滤器。

"统计"选项卡

"统计"选项卡提供了大量关于网络参数和单个项的信息，可用于更好地了解网络结构。

"统计"选项卡最主要的功能是对节点中心性的不同测量。其他措施包括：图的直径、聚类系数、节点之间的最短距离等。其中许多选项包含在 GEPHI 的基本安装中，其他选项可以通过所选插件访问。

"堆叠"选项卡

该程序包括许多不同的布局算法（将图形锁定在平面上），并允许您自定义图形中的颜色、尺寸和标签。GEPHI 是一个交互式软件，提供了识别社区的工具，以及计算从任何节点到给定节点的最短路径或相对距离的能力。

GEPHI 可以通过使用广泛的图堆叠来探索网络数据，让用户选择最佳的图表示方式。同时，GEPHI 提供了在最终选择之前测试许多布局算法的能力。许多布局算法使用参数，通过操纵牵引、排斥、重力和其他设置来确定图的理想布局。

同时，可以选择预定方案，该方案将网络表示为一个圆圈或一组同心圆，根据某种排序算法排列。

在分析大型密集网络时，快速布局（图节点排序）是一个瓶颈，因为大多数复杂布局算法对 CPU、内存和运行时参数都有很高的要求。同时，GEPHI 自带 Yifan-Hu、Force-Directed 等高效布局算法。尤其是 Yifan-Hu 算法，是继其他更快、更粗糙的算法之后再应用的理想选择。虽然 GEPHI 中提出的大多数方法都可以在允许的时间内执行，但 OpenOrd 和 Yifan-Hu 等组合提供了最佳的视觉表现。当然，任何布局算法的适当参数化都可能影响可视化的操作和结果。

插件式模块（插件）

在 GEPHI 中使用插件的基本思路，就像其他应用程序的插件一样，是为了增加那些在软件基本版本中不一定有的功能。在某些情况下，插件是帮助用户更好地格式化图的功能，而在其他情况下，插件是完整的布局或生成图算法的实现，为创建和分析图提供了额外的能力。

在 Service → Plugins 选项卡上有大量扩展 GEPHI 核心功能的插件。安装插件的过程非常简单，内存需求很小。

GEPHI 的插件允许您扩展其功能并添加新的算法、布局和测量工具。GEPHI 具有多线程数据处理方案，因此允许同时执行多种类型的分析。

通过"图"界面创建图

在 GEPHI 中创建新图有 3 种主要模式：

——通过"处理"模式下的"图表"界面；

——通过"数据实验室"界面；

——通过从外部文件（最简单的是从以分号分隔的 CSV 格式的文件）导出图数据。

关闭弹出窗口后，当加载屏幕时，"工作区"（处理）界面将被立即激活，您可以在其中创建新图。您只需激活一个新的项目，并使用窗口右侧指示的工具（图 30）。

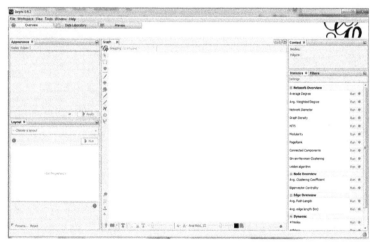

图 30　工作区及"图表"选项卡

如需使用 GEPHI 自带的工具手动绘制节点，请点击"用铅笔绘制节点"按钮（图 31）。

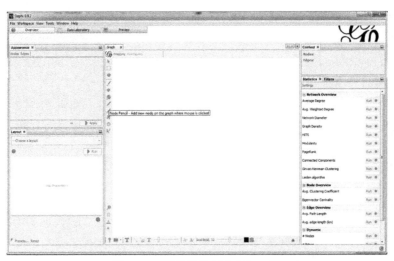

图 31　"用铅笔绘制节点"工具

通过在屏幕上选择"用铅笔绘制节点"的位置，您可以绘制新节点，并使用"大小"菜单中的工具（图标 – 图的大小）放大它们（图 32）。

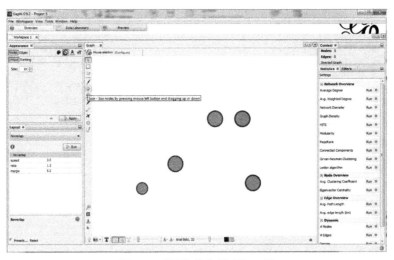

图 32　"调整节点尺寸"工具

使用"用于绘制边缘的铅笔"工具（图 33）来预设图的边缘。首先，点击初始结点，然后再次单击。于是我们得到有向边（图的类型显示在界面的顶部，默认为"有向"）。

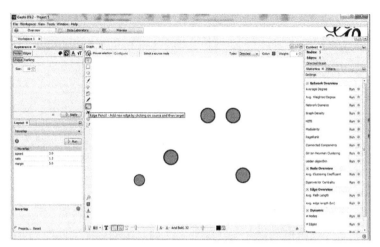

图 33 "用于绘制边缘的铅笔"工具

之后，我们调整边的厚度，为此我们打开"图形"选项卡的底部区域。排好边后，您可以进入着色模式（"油漆"图标）（图 34）。

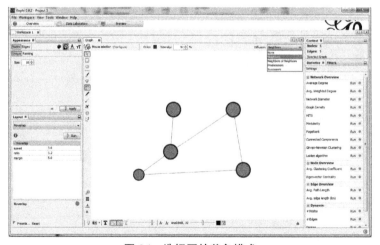

图 34 选择图的着色模式

可以选择为所选节点的邻近节点着色，也可以使用单独的着色（工作区右上菜单）。最终，我们可以得到下面的图（图 35）。

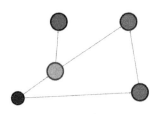

图 35　上色结果

通过"数据实验室"界面创建图表

在"数据实验室"模式下创建图也很方便，其中关于图当前状态的所有信息都以表格形式显示（图 36）。此外，信息以适合更改（编辑）的形式显示。从图中可以看出，您可以添加新的边（节点）、删除或修改现有边。

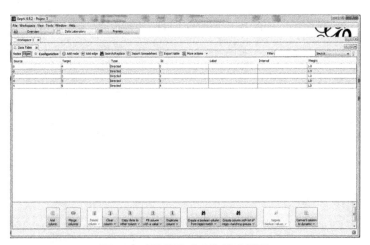

图 36　"数据实验室"模式界面

"数据实验室"也便于对节点进行文本标记（图 37）。

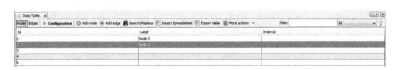

图 37　"数据表"界面中节点的标签

"图表"选项卡显示节点和边缘的标签，字体、大小和亮度可以使用屏幕底部的工具更改（图 38）。

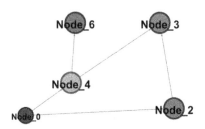

图38 节点标签显示

节点的尺寸和颜色可以根据它们的总度、输入度或初始度来设置（图39、图40）。

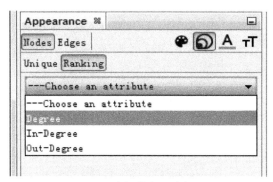

图39 选择节点尺寸级配

图40 设置节点颜色

图形数据可以从文本格式加载到 GEPHI，其中节点标签项用分号分隔。在这种情况下，"附加"行中与第一个标签相对应的节点将附加到该行中所有其他标签的节点。例如，让外部文件包含以下条目：

Node1；Node2；Node3；Node4；Node5

Node5；Node3

这种情况下，在将它们加载到 GEPHI 系统中并进行处理（用已描述的方式为可视化做准备）后，我们会得到这样的显示（图 41）：

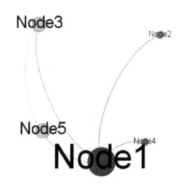

图 41　加载和处理后的图表显示

但是，从外部文件导出图数据的主要选项是加载 CSV 格式的初始网络数据，其中项以"分号"分隔。在这种情况下，CSV 文件实际上应该包含一个标签扩展的网络事件矩阵。下面是一个五节点网络的例子。

; Node1；Node2；Node3；Node4；Node5
Node1；0；1；0；1；0；0
Node2；1；0；0；1；0
Node3；0；1；0；0；1
Node4；1；1；1；1；0；0
Node5；0；1；0；1；0；0

加载到 GEPHI 系统并用已经描述的方式进行处理后，我们得到一个显示（图 42）：

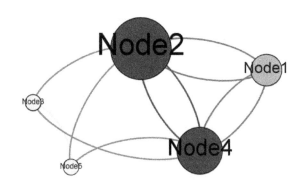

图 42　显示从 CSV 文件下载的图

　　上面的文件可以用 Excel 准备，然后以 CSV 格式保存。需注意的是，在加载到 GEPHI 之前，您需要将 CSV 文件中的所有逗号（"，"）更改为分号（"；"）——这是 GEPHI 的特点。

　　图 43 给出了将 Excel 文件进一步保存为 CSV 格式的示例。

A1			fx			
	A	B	C	D	E	F	G
1		Node1	Node2	Node3	Node4	Node5	
2	Node1	0	1	0	1	0	
3	Node2	1	0	0	1	0	
4	Node3	0	1	0	0	1	
5	Node4	1	1	1	0	0	
6	Node5	0	1	0	1	0	
7							
8							

图 43　在 Excel 中创建文件的示例

　　当将概念邻接矩阵加载到 GEPHI 系统时（从 CSV 格式导入），会显示有关节点（行为者）数量和它们之间关系的信息（图 44）。

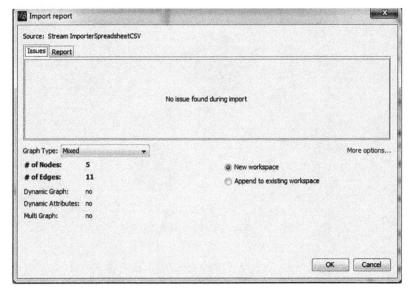

图 44　数据导入信息

之后，打开一个文件，在处理模式下显示为一个无序的网络。网络的初始显示如图 45 所示。

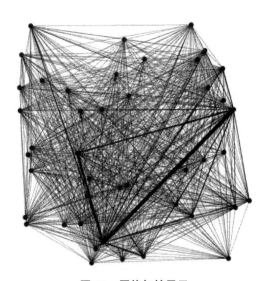

图 45　网络初始显示

此外，再通过使用 OpenOrd 算法堆叠节点来处理网络，以节点的大小来表示程度，按模块化分类来绘制（图 46）。在视图模式下，概念网络如图 47所示。

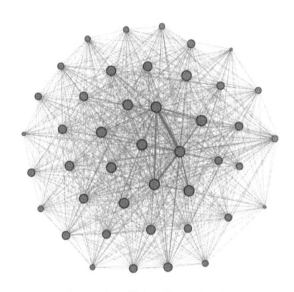

图 46 处理模式下的可视化网络

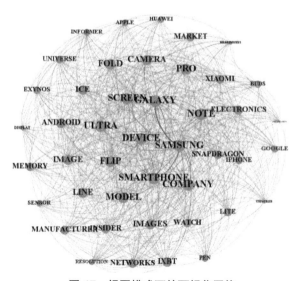

图 47 视图模式下的可视化网络

测试图布局

如果将上一节中的构建图，切换到"堆叠图"模式并选择 Fruchterman Reingold 模式，则结果如图 48 所示。

然后进入"查看"模式，在左侧窗格中设置节点名称的输出参数（"节点标签"菜单项："显示标签""比例大小""字体大小"等），然后按窗格底部的"刷新"键。我们得到一个显示图（图 49），然后可以 PDF、PNG 和 SVG 格式保存。

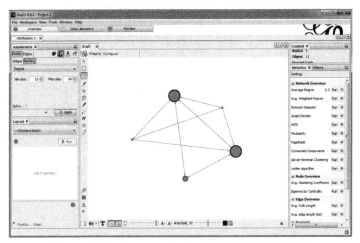

图 48　在 Fruchterman Reingold 模式下显示测试图

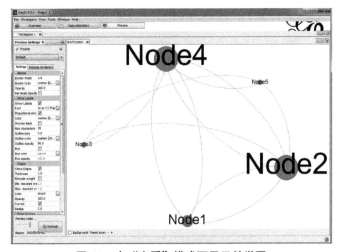

图 49　在"查看"模式下显示教学图

LES Miserables 图的堆叠

当加载以 GEXF 格式表示的 LES Miserables 数据集时，GEPHI 程序会显示一个弹出窗口（图 50），说明加载的无向图有 77 个节点和 254 个通信。节点，即为小说《悲惨世界》中的人物。

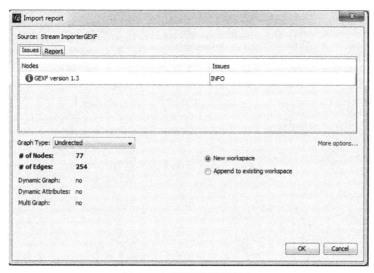

图 50　下载网络数据信息

在"处理"模式下加载数据集后，打开的"图"窗口将显示一个已经处理过的图（图 51），其中包含详细的处理布局。让我们随意改变这种布局（随机堆叠模式，图 52），取消网络节点的排名，以展示不同类型的堆叠。

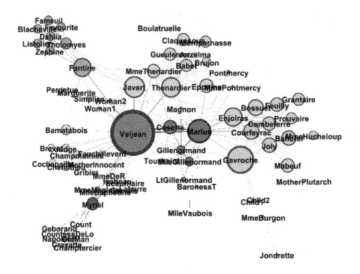

图 51　加载 Les Miserables 图

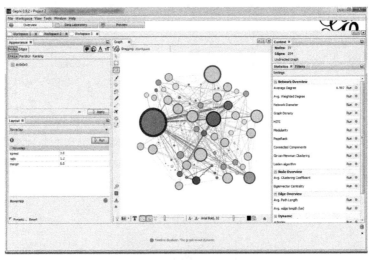

图 52　图的随机堆叠

图 53 给出了不同堆码算法的运行结果。可以看出，在这种情况下，Force Atlas 和 Yifan Hu 算法的结果最好。通过分别按度数和权重排列节点和边，并使用已经考虑过的工具切换到"查看"模式，我们得到最终显示结果（图 54）。

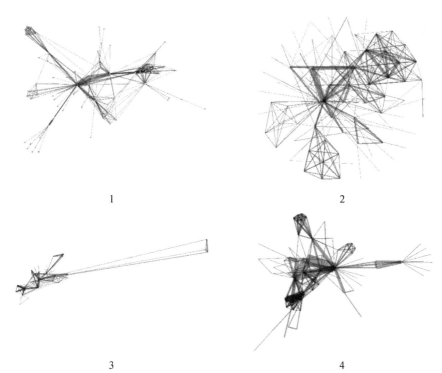

1

2

3

4

1–Force Atlas；2–Fruchterman Reingold；3–Openord；4–Yifan Hu。

图 53　各种铺设算法的结果

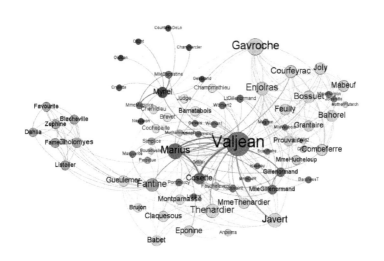

图 54　Force Atlas 算法在"查看"模式下的处理结果

排序和统计

排序允许您根据用户指定的属性设置节点大小，并根据我们数据集中的可用字段对图进行着色，如权重、度（默认）等。许多此类字段，如PageRank值、模块化，可以在"统计"选项卡中的"数据实验室"模式下获得（图55）。在这一部分可获得不同的特殊统计数据，以便进一步分析图的不同参数。

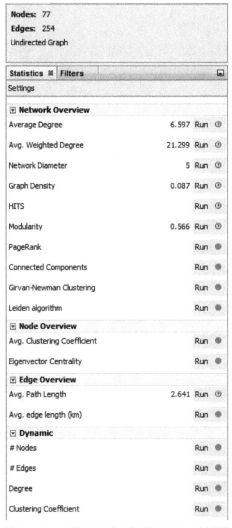

图55 网络分析 – "数据实验室"模式下的"统计"文件夹

通过连续按所有"开始"按钮，可以获得图的特征值（图 56）。

Id	Label	...	Modularity C...	PageRank	Clustering Coeffi...	Number of tria...	Component...	Суммарная мощ...	Взвешенная мощ...	Eccentricity	Closeness Centrality	Harmonic Closeness C...	Betweenness Centra...	Eigenvector Centra...
11	Valjean		0	0.075436	0.120635	76	0	36	158.0	3.0	0.644068	0.732456	1624.4688	1.0
48	Gavroche		1	0.035762	0.354978	82	0	22	56.0	3.0	0.513514	0.605263	470.570632	0.905942
55	Marius		0	0.030891	0.333333	57	0	19	104.0	3.0	0.531469	0.60307	376.292993	0.828965
27	Javert		0	0.030302	0.323529	44	0	17	47.0	3.0	0.517007	0.585526	154.844846	0.876536
25	Thenardier		0	0.027925	0.408333	49	0	16	61.0	3.0	0.517007	0.58114	213.468481	0.676465
23	Fantine		3	0.027032	0.314286	33	0	15	47.0	4.0	0.460606	0.539474	369.486842	0.404673
58	Enjolras		1	0.021878	0.609524	64	0	15	91.0	3.0	0.481013	0.552632	121.277067	0.816259
62	Courfeyrac		1	0.018574	0.75641	59	0	13	84.0	4.0	0.4	0.483553	15.011035	0.680372
64	Bossuet		1	0.018956	0.769231	60	0	13	66.0	3.0	0.475	0.539474	87.647903	0.72414
63	Bahorel		1	0.017196	0.863636	57	0	12	39.0	4.0	0.393782	0.472588	6.228642	0.643806
65	Joly		1	0.017196	0.863636	57	0	12	43.0	4.0	0.393782	0.472588	6.228642	0.643606
24	MmeThena...		1	0.019501	0.460909	27	0	11	34.0	4.0	0.460606	0.520833	82.696893	0.463376
26	Cosette		0	0.020611	0.38.1818	21	0	11	68.0	4.0	0.477987	0.533991	67.819322	0.420949
41	Eponine		1	0.017792	0.454545	25	0	11	19.0	4.0	0.395833	0.470395	32.739519	0.477549
57	Mabeuf		1	0.017475	0.690909	38	0	16	16.0	4.0	0.395833	0.470395	78.834524	0.576256

图 56　"数据表"选项卡中的数据

计算出的特性可在"数据表"选项卡上找到。

我们使用数据实验室模式下的结果进行可视化。计算相关参数后，不仅可以根据度，还可以根据其他特征，如模块性、聚类性等，来改变节点的大小和颜色。

如果我们回到"处理"模式下的排序，我们会看到额外的功能（图 57）。

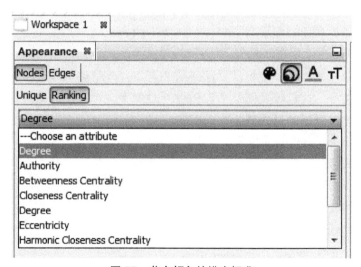

图 57　节点颜色的排序标准

通过应用模块化类排序，可以区分网络集群（图 58）。

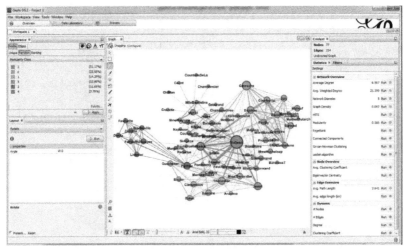

图 58　最终节点着色

网络过滤

需要对网络数据进行过滤的原因很清楚：有时由于网络的数量庞大，无法直观地分析其边缘在屏幕上形成连续覆盖的大型网络。这使得人们无法有意识地查看密集的图形，尽管它们是用 GEPHI 显示的。

合理的过滤应是合理地减少网络的节点（以及链接）数量，并保证降低其视觉复杂度。这意味着网络节点数量的减少不会对底层数据结构产生重大影响，因此，合理的过滤减少了非必要的链接数量，使用户能够将注意力集中在对目标任务最重要的片段上。

可以通过选择布局选项，让 GEPHI 调整网络元素的大小和颜色，一些网络元素就可以被区分开来。过滤提供了这种系统的其他工具难以实现的可见性。通过删除不重要的节点和连接，确保降低网络的复杂性，减少了图表注释时容易出现的问题。不同类型的过滤可以提供不同类型的网络可视化，在解释目标任务时导致产生多种想法。

GEPHI 中的基本过滤功能

GEPHI 筛选器分为多个组，在窗口中作为单独的文件夹显示（图 59）。每一个文件夹都提供了多种筛选选项，这些选项可以单独用作简单的筛选器，也可以组合起来创建复杂的筛选器。

过滤器的主要类别包括：

——边缘：这个过滤器严格应用于网络内部的连接；

——操作员：这个过滤器允许在图形中执行多种功能；

——拓扑：此过滤器提供了许多选项，允许您使用图形事件，例如节点度范围来过滤网络。

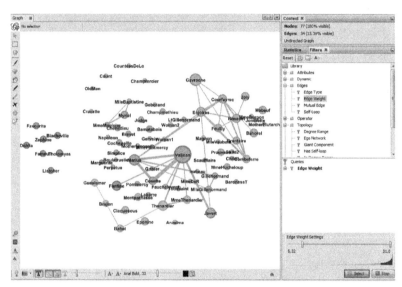

图 59　按模块化类别应用过滤函数

9　图形数据库管理系统 Neo4j

当然，"大数据"的概念与网络任务直接相关，因为网络中可能的连接数量远远超过节点数量。目前正在创建专门的软件系统来处理此类任务，其中 Neo4j 是用 Java 实现的开源图数据库管理系统 [16]，它是最常见的图形数据库管理系统。

Neo4j 中的数据采用本地格式存储方式，这种方式是专门为表示图形信息而设计的。与使用关系型数据库管理系统建模相比，这种方法可以对结构更复杂的数据进行进一步优化。据称，还有针对 SSD 驱动器的特殊优化，即整个图不需要放在计算节点的 RAM 中就能被处理，因此可以处理相当大的图。

主要应用领域：社交网络、推荐系统、欺诈识别、地图系统。

图数据库术语

- Graph Database，图数据库——基于图的数据库——节点和节点之间的关系。
- Cypher 是一种用于编写 Neo4j 数据库查询的语言（类似于 MySQL 中的 SQL）。
- Node，节点是数据库中的对象，是图的节点。节点数限制为 2 的 340 万亿 ~ 350 万亿次方。
- Node Label，节点标签——用作条件"节点类型"。例如，类型为 Movie 的节点可以与类型为 Actor 的节点相关联。节点标签是区分大小写的，如果您键入错误的大小写名称，*Cypher 不会产生错误。
- Relation，关系——两个节点之间的关系，即图的边。键数限制为 2 的 34 亿 ~ 35 亿次方。
- Relation Identirfier，链接类型——Neo4j 中的链接。链接类型的最大数量为 32767。
- Properties，节点属性——可以分配给节点的数据集。例如，如果节点是一个产品，那么您可以在节点属性中存储来自 MySQL 数据库的产品 ID。
- Node ID，节点 ID 是节点的唯一标识符。默认情况下，当您查看结果时，将显示此特定 ID。

在 Neo4j 中保存数据

文件 NodeStore.db 包含特定大小的节点信息的记录：

（1）标记，显示记录处于活动状态；

（2）指向给定节点所包含的第一个关系的指数；

（3）指向给定节点包含的第一个属性的指数。

节点不包含自己的标识符。由于 NodeStore.db 中的每个条目占用相同数量的空间，因此可以计算出指向节点的指数。

文件 RelationshipStore.db 还包含描述关系的相同大小的记录，但它们由以下项组成：

（1）标记，显示记录处于活动状态；

（2）指向包含此关系的节点的指数；

（3）指向此关系指向的节点的指数；

（4）关系类型；

（5）指向前方关系的指数（在给定节点内）；

（6）指向位于后面关系的指数（在给定节点内）；

（7）指向前面关系的指数（在该关系指向的节点内）；

（8）指向位于后面关系的指数（在指向该关系的节点内）；

（9）指向给定关系的第一个属性的指数。

选择有向属性图作为数据模型：

• 包含节点（Nodes）和通信（Relationships）。

• 节点具有属性（Properties）。节点可以被视为包含键值对形式属性的文档。

• 节点可以用一个或多个标签（Labels）来标识。标签通过指定节点在数据集中所起的作用来对节点进行分组。

可以给一个节点分配几个标签（因为节点在不同的领域可以扮演几个不同的角色）。链接将节点连接起来，构成图的结构。链接是命名的（总是有一个名称）和指向的（总是有方向、开始节点和结束节点）。链接也可以包含属性，这允许您在算法图中输入额外的元数据，为链接添加额外的语义，并限制实时查询。

主要的事务性功能是支持 ACID 并符合 JTA、JTS 和 XA 规范。数据库管理系统应用程序编程界面可用许多编程语言，包括 Java，Python，Clojure，Ruby，PHP，以及 REST 样式的 API。您可以使用服务器插件和非托管扩展

（Unmanaged Extensions）扩展程序界面；插件可以为终端用户的 REST 接口添加新的资源，而扩展允许完全控制编程接口，并可能包含任意代码，所以应该谨慎使用。

本节重点介绍使用 Neo4j 图形数据库管理系统的基础知识，介绍其最重要的部分 Neo4j 浏览器。

服务器的起始页（https：//neo4j.com）如图 60 所示。

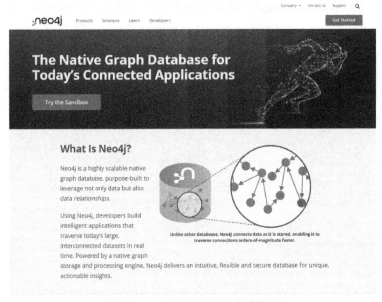

图 60　neo4j 网络数据库启动界面

安装 Neo4j

若安装 Neo4j，则须登录下载中心，地址为 https：//neo4j.com/download–center/（图 61）。

为了进一步运行 Neo4j，必须满足以下初步要求：

——运行 Neo4j 数据库管理至少需要 2GB 的系统内存，稳定运行推荐 16GB。

——建议使用 SSD 驱动器作为磁盘阵列。

——Neo4j 是通过 Java 运行的，因此需要安装 JVM8。

在安装系统之前，您首先需要下载加密的 GPG 密钥并将存储库添加到本地列表中：

wget --no-check-certificate -O -
https：//debian.neo4j.org/neotechnology.gpg.key | sudo apt-key add
-
echo 'deb http：//debian.neo4j.org/repo stable/' > /etc/apt/sources.list.d/neo4j.
list

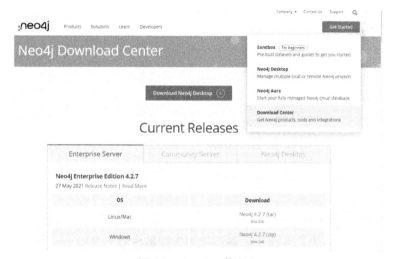

图 61　Neo4j 下载中心

之后，您需要更新本地包库并安装数据库管理系统：
apt update apt install neo4j

连接浏览器
您需要打开浏览器并通过以下地址连接到数据库管理系统：
<IP-address Neo4j>：7474
数据库使用 bolt 网络协议，这是一种针对数据库应用程序的高效轻量级客户机服务器协议。
第一次连接时，将 localhost 值替换为您的 IP 地址作为 bolt 协议，并使用数据库管理系统名称作为密码，接下来输入并确认用户 Neo4j 的密码

（图 62）。

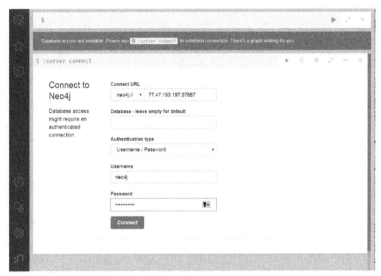

图 62　Neo4j 连接

接下来，您就可以开始使用 Neo4j 图形数据库管理系统。

启动系统

如需使用 Neo4j，您需要检查数据库管理系统是否已启动（以 Linux 系统为例）：

service－status-all | grep neo4j

[+] neo4j

加号表示数据库管理系统已经启动，减号表示尚未启动。如需启动 Neo4j，请运行以下命令：

sudo service neo4j start

使用普通浏览器启动后，您可以点击链接 http：//localhost：7474/browser/，之后会显示 Neo4j 浏览器界面（图 63）。

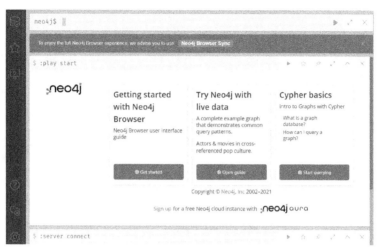

图 63 Neo4j 浏览器界面

在 Neo4j 浏览器窗口的顶部是所谓的编辑器字符串。从冒号开始为一组命令，您可以看到所有可用命令的列表及简要说明（图 64）。

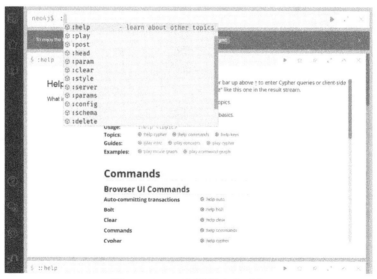

图 64 Neo4j 浏览器命令列表

命令的详细描述可以通过调用：help 命令获得（图 65）。

图 65　help 命令

Cypher 语言

Cypher 语言 [17] 是一种数据操作语言，也为图的存储提供了 CRUD 功能，被用来创建和随后处理图。

如需简要了解 Cypher 语言，您可以调用以下命令（图 66）：

：play cypher

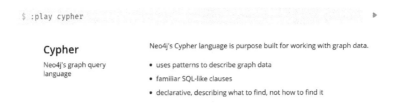

图 66　Cypher 语言简介

Cypher 是一种富有表现力（但结构紧凑）的图形数据库查询语言。目前，Cypher 仅用于 Neo4j，可将图表示为常规模式使它成为一种理想的图形软件描述工具。Cypher 为用户（或代表用户的应用程序）提供了设置数据搜索模板的能力，简单地说，可以要求数据库"找到与此类似的东西"。

Cypher 是一种用于查询图的声明性语言。这种语言的语法类似于 SQL 语法。它支持创建、选择、更新、删除数据的操作。Cypher 使用示例规范描述图——使用简单的 ASCII 图形形式，用户使用 ASCII 字符绘制他感兴趣的部分图；顶点放在括号中，它们的标签写在"："之后；要创建多个节点，应通过"，"列出；链接用箭头"–>"和"<–"反映，链接名称在"："之后的方括号内；节点和关系（键值对）的属性在花括号中写入。

- →（n）（m）——从顶点 n 到顶点 m 的所有有向边；
- （n：person）——所有带有 person 标签的顶点；
- （n：person：russian）——具有 person 和 russian 标签的所有顶点；
- （n：person{name：{value}}）——所有带有 person 标签并通过附加属性过滤的顶点；
- →（n：person）（m）——带有 person 标签的顶点 n 和 m 之间的边；
- （n）--（m）是顶点 n 和 m 之间的所有无向边。

还可以通过其他方式对 Neo4j 进行查询，例如直接通过 Java API。Cypher 不仅是一种查询语言，也是一种数据操作语言，因为它为图形存储提供了 CRUD 功能。

图的生成

要开始创建一个小的社会核算图，我们可以转到编辑器并在 Cypher 上输入第一个命令：

CREATE（u1：Person {name："John"，from："Liverpool"}）

执行命令后，Browser 会显示结果（图 67）。

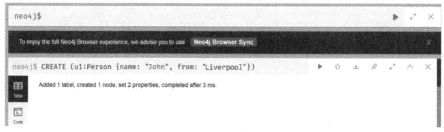

图 67　创建节点

再添加另一个节点：

CREATE（u2：Person {name："Freddie"，from："Zanzibar"}）

现在可以查询 Person 类型的所有节点并输出 name 属性的值（图 68）：

MATCH（ee：Person）RETURN ee.name

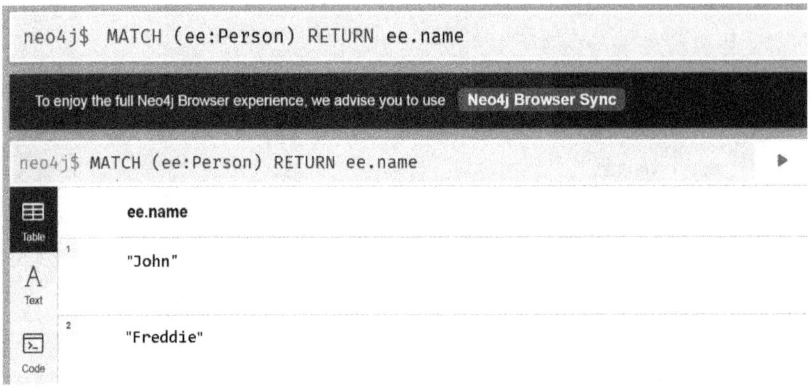

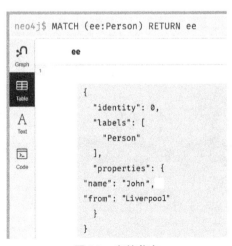

图 68　节点列表

可以按领域组织挖掘数据：

MATCH（ee：Person）RETURN ee.name ORDER BY ee.name

接下来，可以查询这种类型的所有节点（图 69）：

MATCH（ee：Person）RETURN ee

图 69　完整节点

单击 Graph 按钮，可以图形形式查看节点（图 70）。

图 70　图形节点

可以使用 Create 命令添加 Cypher 中节点之间的链接（图 71、图 72）。

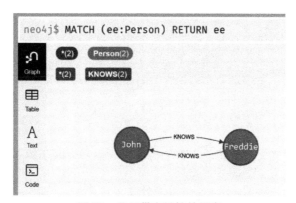

图 71　图形节点

图 72　显示带有链接的图表

你还可以用 Cypher 对图进行各种操作，比如询问相邻的节点、社交图中的朋友、删除边和节点等等，但这又是另一个主题了。

还可以将 Neo4j 浏览器配置为不同样式的节点和链接显示，具体取决于其指定的标签。

删除行（图 73）：

Match（n）–[r]–（）

Delete n，r;

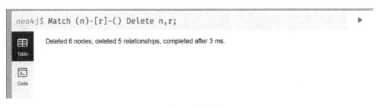

图 73　删除行

将数据从 CSV 导入 Neo4j 图

可以表示命名节点之间的关系（在本例中我们将用数字表示）。让我们一起来看这个例子：一组字符串，其中每个字符串表达了两个节点之间的邻接关系，例如，1–>2，2–>3，1–>3，等等。

1，2

2，3

1，3

1，4

2，5

3，4

3，5

4，5

记录这些行的文件应该放在本地机器上（需要安装正版 Neo4j）

/var/lib/neo4j/import/

下面以文件名为 CSV 为例，说明加载文件、生成和显示图的命令。

LOAD CSV FROM 'file：///csv' AS line
MERGE（a：node {name：line[0]}）
MERGE（b：node {name：line[1]}）
MERGE（a）–[：connects]–>（b）；

最后可以通过输入命令来显示网络（图 74）：
MATCH（ee：name）RETURN ee

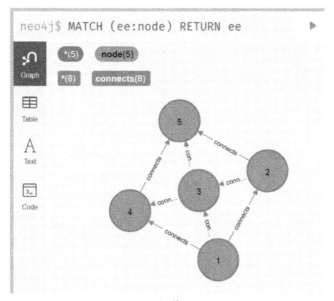

图 74 加载显示图

因此，Neo4j 图形数据库管理系统允许您以图形的形式表示应用程序，以图形的形式存储它们，并使用 Cyper 语言以小时为单位执行图形查询。图可清晰地表示应用领域，而基于图的数据库管理系统允许在不破坏应用领域和数据之间的关系的情况下存储此视图。使用查询可以很好地读取创建的图。

10 NoSQL 类型的数据库管理系统——MongoDB 数据库管理系统

NoSQL 技术正在取代长期存在的关系数据库。与 NoSQL 关系数据库不同，数据库管理系统提供面向文件的数据模型，使许多数据库管理系统运行速度更快，可扩展性更好，更易于使用。

MongoDB[18-19] 是 NoSQL 数据库管理系统之一，借助它可以实现新的数据库构建方法，其中没有表、模式、SQL 查询、外键和许多其他对象关系数据库固有的东西。

MongoDB 不是一个关系数据库系统，而是一个面向文件的数据库管理系统。放弃关系模型的主要原因是为了简化横向扩展，此外，MongoDB 是用 C++ 编写的，因此很容易将其转移到不同的平台。

MongoDB 可以安装在 Windows、Linux、macOS、Solaris 系统上。该系统被认为是一个可扩展的数据库——Mongo 这一名称来自 "humongous" 一词，由 "huge"（巨型）和 "monster"（怪物）组合而成，主要设计目标是高性能和易于访问数据。它是一个文档数据库，不仅允许存储，而且允许轮询嵌套数据，呈现任意查询。数据库模式不是强加的（这与 SQL 数据库管理系统有根本区别），因此一个文档可能集合包含的所有其他文档中缺失的字段或类型。

MongoDB 的 6 个核心概念是：

（1）MongoDB 在概念上与我们熟悉的普通数据库相同。MongoDB 内部可能有一个或多个数据库，每个数据库都是其他实体的容器。

（2）数据库可以有零个或多个集合。该集合与传统的 "表格" 非常相似，完全可以将它们视为相同的东西。

（3）集由零个或多个 "文件" 组成。同样，文件可以被视为 "字符串"。

（4）文件由一个或多个类似于 "列" 的 "字段" 组成。

（5）MongoDB 中的索引与关系数据库中的索引几乎相同。

（6）"光标" 与前面的 5 个概念不同，但它们非常重要（尽管有时被忽视），值得单独讨论。

　　系统支持 ad-hoc 请求：它们可以返回特定的文档字段和自定义 JavaScript 函数，支持正则表达式搜索。还可以根据查询配置返回随机结果集。

　　从本质上讲，Mongo 是 JSON 文档的存储库。Mongo 文档可以被比作没有模式的关系表行，其允许任意深度的值嵌套。由于缺乏结构化模式，Mongo 可以随着数据模型增长和变化。

　　MongoDB 支持索引。该系统可以处理一组副本，即在不同节点上包含两个或多个数据副本。副本集的每个实例可以在任何时候充当主副本或辅助副本。默认情况下，所有写入和读取操作都使用主副本执行。辅助副本保持数据副本的最新状态。在主副本失败的情况下，副本集将进行一个选择，该选择将成为主副本。次要副本还可以是读取操作的源。

　　通过对数据库的对象按照聚类后不同的节点进行分割，就能实现系统的水平缩放。管理员选择一个分割键，该分割键确定将根据相关标准将数据分集到节点（取决于分割键的散列值）。通过允许每个集群节点接受请求来实现负载均衡。

　　该系统可以用作具有负载平衡和数据复制的文件存储（Grid File System，GridFS；随 MongoDB 驱动程序提供）。提供了处理文件及其内容的软件工具。GridFS 用于 Nginx 和 lighttpd 插件。GridFS 将文件分成几个部分，并将每个部分作为单独的文档存储。

　　该系统可以按照 MapReduce 范式操作。对于数据聚合，提供了 SQL 表达式 GROUP BY 的类似物；聚合语句可以像 UNIX 管道一样在链中绑定。该框架还具有 $lookup 语句，用于在上传和统计操作（如标准偏差）时连接文件。

　　在查询、聚合函数（例如在 MapReduce 中）中支持 JavaScript。

　　支持具有固定大小的集合。此类集合保留插入顺序，并且在达到指定大小时，并且在达到一定大小时表现得像一个环形缓冲器。

　　MongoDB 4.0 版本增加支持 ACID 事务的特性，满足大众对 ACID 的要求。

　　该系统有适用于主要编程语言（C、C++、C#、Go、Java、Node.js、Perl、PHP、Python、Ruby、Rust、Scala、Swift）的官方驱动程序，还有大量适用于其他编程语言和框架的非官方或社区支持的驱动程序。

　　此前，Mongo 命令解析器是用户接触数据库的主要界面。从 MongoDB 3.2 版本开始，"MongoDB Compass" 作为一个图形化的外壳。有一些产品和第三方项目提供具有图形界面的工具，用于管理和数据浏览。

服务器和普通客户端安装

要安装 MongoDB 服务器，您需要：

（1）进入官方下载网页（图 75）下载二进制文件（推荐稳定版）。32 位和 64 位版本均可使用。

（2）解压（任意位置），进入 bin 文件夹。有 2 个可执行文件可以使用：其中 MongoDB 是服务器，Mongo 是客户端控制台。

（3）在 bin 文件夹中创建一个新文件并将其命名为 mongodb.config。

（4）在 MongoDB.config 中添加一行：dbpath = <Путь к файлам базы данных>。

例如，在 Windows 中，您可以编写 dbpath=c:\mongodb\data，而在 Linux 中，可以编写 dbpath=/etc/mongodb/data。

（5）使用 --config /path/to/your/mongodb.config 参数运行 Mongod。

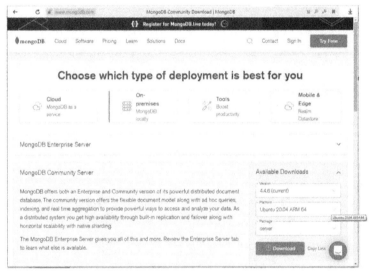

图 75　MongoDB 启动页面（https：//www.mongodb.com）

一些普通客户端命令

要运行 MongoDB 普通客户端，只需运行以下命令：

$ mongo

随后，MongoDB 数据库管理系统将响应有关版本、服务器地址、ID 号、日期、时间等信息：

MongoDB shell version v4.4.6

connecting to：

mongodb：//127.0.0.1：27017/ ？ compressors=disabled&gssapiServiceName=mongodb

Implicit session：session { "id"：UUID（"f2faf2a9-87ac-4d71-91cc-a77d00275e4a"）}

MongoDB server version：4.4.5

The server generated these startup warnings when booting：

2021-05-28T12：14：01.468+00：00：Using the XFS filesystem is strongly recommended with the WiredTiger storage engine.

>

如需获取活动数据库列表，您必须输入以下命令：

>db.getMongo（）.getDBNames（）

或：

>db.adminCommand（'listDatabases'）

连接到数据库需要输入以下命令：

>use <iм'я бази даних>

例如，当数据库名称为"sources"时（来源，例如用于进一步监控的社交媒体帐户）：

>use sources

获取数据库中的集合列表需要输入以下命令：

>db.getCollectionNames（）

结果将如下所示（示例）：

["tg", "ytc"]

要获取集合中的文件数量（以集合名称 ytc 为例），您需要输入以下命令：

>db.ytc.find（）.count（）

要查看集合中所有文件的内容（以集合名称 ytc 为例），只需输入没有参数的搜索命令—查询：

>db.ytc.find（）

结果将如下所示（示例）：

{ "_id": ObjectId（"60cb88b9b8ca2f6093347e79"）, "saddr": "UCopcQiBf6yqBPSNFz9x4OYw", "name": "Klimenko Time" }

{ "_id": ObjectId（"60cb88b9b8ca2f6093347e7a"）, "saddr": "UCQwVj4PyS5leCgEJY4I2t1Q", "name": "DW Ukr" }

{ "_id": ObjectId（"60cb88b9b8ca2f6093347e7b"）, "saddr": "UCXoAjrdHFa2hEL3Ug8REC1w", "name": "DW Rus" }

{ "_id": ObjectId（"60cb88b9b8ca2f6093347e7c"）, "saddr": "UCD7dXP0dxuf2b34lBcfb4IA", "name": "Т И С Т В" }

{ "_id": ObjectId（"60cb88b9b8ca2f6093347e7d"）, "saddr": "UCsxd-Drk7iYG50Ly-LVNWaw", "name": "Р Е Н Т В" }

{ "_id": ObjectId（"60cb88b9b8ca2f6093347e81"）, "saddr": "UCdRzHJ8wUmDCr0wYM2Zi07Q", "name": "Крыминформ" }

{ "_id": ObjectId（"60cb88b9b8ca2f6093347e82"）, "saddr": "UCw5pE2GElcHeErKVyF76jjg", "name": "TV Center" }

{ "_id": ObjectId（"60cb88b9b8ca2f6093347e83"）, "saddr": "UCUjpfpU1cVwbWD8yyCe5Zew", "name": "Factorium Room" }

{ "_id": ObjectId（"60cb88b9b8ca2f6093347e84"）, "saddr": "UCJ9e_x5_ZuR9TwZwzvqRsIA", "name": "Rogandar News" }

{ "_id": ObjectId（"60cb88b9b8ca2f6093347e85"）, "saddr": "UCPMf85Kr0Xtlr3bIYXdSZ3w", "name": "RGD News" }

{ "_id": ObjectId（"60cb88b9b8ca2f6093347e86"）, "saddr": "UCgS19QtJ5NqQi_ErxYVoIpA", "name": "News 7" }

{ "_id": ObjectId（"60cb88b9b8ca2f6093347e87"）, "saddr": "UCbJYQHINGGcuoDYKIQZ8l6A", "name": "Г леб В олин" }

{ "_id": ObjectId（"60cb88b9b8ca2f6093347e88"）, "saddr": "UCBi2mrWuNuyYy4gbM6fU18Q", "name": "ABC News" }

{ "_id": ObjectId（"60cb88b9b8ca2f6093347e89"）, "saddr": "UC7aFhtshxOnaqioFAJ0ZSvA", "name": "Vovan222prank" }

{ "_id": ObjectId（"60cb88b9b8ca2f6093347e8a"）, "saddr": "UC6ZFN9Tx6xh-skXCuRHCDpQ", "name": "PBS NewsHour" }

{ "_id"：ObjectId（"60cb88b9b8ca2f6093347e8b"），"saddr"："UCupvZG-5ko_eiXAupbDfxWw", "name": "CNN" }

{ "_id"： ObjectId（"60cb88b9b8ca2f6093347e8c"）, "saddr"： "UCviqjOZN3ZvDEmZfHuUKCIQ", "name": "CGTN Live"

Type "it" for more

如果我们只想从集合中查看一个文件，可以使用 findOne 函数：

> db.movies.findOne（）

{

"_id": ObjectId（"5721794b349c32b32a012b11"），

"title": "Star Wars：Episode IV – A New Hope",

"director": "George Lucas",

"year": 1977

}

要搜索集合中的文件(以集合名称 tg 为例),您需要输入带有参数的命令——查询（以名称字段为例）：

>db.tg.find（name='@Aavst'）

结果如下所示：

{ "_id"：ObjectId（"60cb8af025ad9284143be469"），"saddr"："@Aavst" }

例如，要搜索另一个字段（ _id 字段），需要输入查询：

> db.tg.find（{"_id"：ObjectId（"60cb8af025ad9284143be46c"）}）

退出字符串编辑器，需要输入以下命令：

>exit

删除集合，必须输入以下命令：

>db.<iм'я колекції>.drop（）

删除数据库，必须输入以下命令：

>db.dropDatabase（）

以外部格式从表导入数据库

如果用户拥有一个以 CSV 格式表示的数据集（表），他可以使用该数据创建和下载一个 MongoDB 数据库。

MongoDB 提供了两种导入 / 导出数据库的方法：

- mongoexport/mongoimport
- mongodump/mongostore

mongoexport 命令用于将数据从 Collection 导出到一个特定的文件（JSON，CSV，……）。

mongoimport 命令用于从一个特定的文件（JSON、CSV……）导入数据到 Collection。

Collection 是 MongoDB 中的一个概念，与关系数据库（Oracle、SQLServer、MySQL……）中的 Table 相同。

mongodump 命令用于将数据库中的所有数据导出到文件，包括一些文件（bson，json）。

mongostore 命令用于从 dump 文件夹（mongodump）导入数据到数据库。

用户可以使用具体化的 mongoimport 导入相应的表。下面是如何从 CSV 格式的表中创建和加载数据库的示例。实现此目的只需应用从操作系统命令执行指定的命令：

$mongoimport –d <ім'я бази> –c <ім'я колекції>

--type< 文件类型 >-file< 文件名 >--fields< 逗号分隔字段 >

命令示例：

$mongoimport –d sources –c ytc --type csv –file ytc.csv --fields saddr, name

结果示例：

2021–06–17T20：39：05.040+0300　connected to：mongodb：//localhost/

2021–06–17T20：39：05.221+0300　　104 document（s）imported successfully.

0 document（s）failed to import.

MongoDB 数据库 Compass 客户端

MongoDB 3.2 版本以 MongoDB Compass 作为图形外观。

下载 MongoDB Compass，需要访问此 GUI 的官方网址 https：//www.mongodb.com/try/download/compass。在该页面，可以选择加载参数—Compass 版本和目标操作系统（图 76）。

图 76　MongoDB Compass 启动页面

以外部格式将数据库导出到表

如果用户在 MongoDB 数据库管理系统中有一个数据库，可以将数据库中的信息导出（或卸载）到外部表，其中包括 CSV 格式的表，该表可用作其他程序的输入，它可以使用具体化的 MongoExport 导入相应的表。下面是将信息导出到 CSV 表格的示例。通过运行操作系统设置的命令便可以轻松完成。

$mongoexport --< 文 件 类 型 > –o <im'я файлу> –d <im'я бази> –c <im'я колекції> –f =< 字段通过谁 >

命令示例：

$mongoexport --csv –o /tmp/ytc1.csv –d sources –c ytc –f saddr，name

结果报告示例：

2021–06–17T20：43：13.164+0300　　csv flag is deprecated；please use --type=csv instead

2021–06–17T20：43：13.197+0300　　connected to：mongodb：//localhost/

2021–06–17T20：43：13.247+0300　　exported 104 records

运行 GUI MongoDB Compass

激活 MongoDBCompass.exe 软件模块后，将出现一个系统界面，需要在其中输入已激活 Mongod 的服务器地址和端口地址（图 77）。

图 77　配置 MongoDB Compass 客户端

导航到指定的地址（Connect 按钮）后，将显示到活动数据库的导航列表（图 78）。

图 78　MongoDB Compass 数据库列表

上一节提供了有关从表中导入来创建 Sources 数据库的详细信息。我们需要通过激活相应的超链接来详细检查该数据库（图 79）。

图 79　Sources 数据库集合列表

在上面的示例中，您可以看到 Sources 数据库包含两个集合——tg 和 ytc（社交网络频道地址的集合）。在表中，您可以看到每个集合中的文件数量（2441和 104）、文件的平均长度、集合占用的磁盘空间、索引数量（辅助搜索文件）和索引量。

执行 CRUD 命令

可以通过激活适当的超链接来浏览特定集合（例如 ytc）是通过激活相应的超链接来实现的。

如图 80 所示，MongoDB Compass 实现了对 JSON 格式的单个集合文件的浏览访问。

图 80　ytc 收藏内容

此外，CRUD-R（Read，读）功能也可以在搜索模式下实现。为此，在 Filter 字段中输入 JSON 格式的请求，例如 {name：'波罗的海周'}，结果如图 81 所示。

图 81　搜索结果

执行 D（delete）：如您所见，整个集合的删除操作（类似于 db.< 集合名 >.drop（））在界面上以"垃圾车"图标的形式实现。整个数据库的相同操作（类似于 db.drop.Database（））可以在图 82 中以相同的图标形式看到。

图 82　搜索结果

要对单个文件执行 U（Update）函数，需要激活 Edit 图标，之后可以编辑文件的各个字段并添加新字段。

C（Create）- 创建新文件（添加数据模式）有两种选择：手动输入或导入文件，见图 83、图 84）。

图 83　ADD DATA 模式

图 84　创建新文件

导入数据时，在激活 IMPORT 键后，通过后台执行 mongoimport 命令完成加载。

最后，让我们看看 MongoDB 数据库管理系统的优势和劣势。

MongoDB 的优势

主要优势是通过复制和水平扩展处理大数据阵列（和巨大的查询流量）的能力强大。但它也提供了一个非常灵活的数据模型，因为不需要预先定义模式，而且数据可以嵌套。此外，在设计 MongoDB 时还奠定了易用性，MongoDB 命令与一些基于 SQL 的数据库管理系统命令之间存在相似性。

MongoDB 的劣势

MongoDB 缺乏模式这一事实对于许多项目来说是不可接受的。

在任何集合中插入一个任意类型值的能力是一个令人关注的问题。一个错别字就会给开发者带来数小时的痛苦。

由于 Mongo 专注于大型数据集，因此在需要大量精力设计和维护的大型集群中使用它是合理的。在 MongoDB 运行过程中添加新的节点意味着需要提前计划。

因此，与关系数据库相比，MongoDB 为许多由应用程序定义数据集的典型问题提供了一个更自然的解决方案。

内容索引

参考文献

[1] Mrutyunjaya Panda, Aboul-Ella Hassanien, Ajith Abraham. Big Data Analytics: A Social Network Approach. CRC Press, 2018: 322.

[2] Davy Cielen, Arno Meysman, Mohamed Ali.Introducing Data Science: Big Data, Machine Learning, and more, using Python tools. Manning Publications, 2016: 320.

[3] Pranav Shukla, Sharath Kumar M. N. Learning Elastic Stack 6.0: A beginner's guide to distributed search, analytics, and visualization using Elasticsearch, Logstash and Kibana (Source Code). Packt Publishing, 2017: 434.

[4] Clinton Gormley, Zachary Tong. Elasticsearch: The Definitive Guide. O'Reilly Media, Inc., 2015: 719.

[5] Dave Johnson. RSS and Atom in action: web 2.0 building blocks. Manning Publications, 2006: 398.

[6] Michael Schrenk. Webbots, Spiders, and Screen Scrapers: A Guide to Developing Internet Agents with PHP/CURL. No Starch Press, 2007: 328.

[7] Marco Bonzanini.Mastering Social Media Mining with Python. Packt Publishing, 2016: 338.

[8] Bahaaldine Azarmi. Learning Kibana 5.0 Exploit the visualization capabilities of Kibana and build powerful interactive dashboards. Packt Publishing, 2017: 275.

[9] Fairhurst, Danielle Stein. Using Excel for business and financial modelling: a practical guide. Wiley finance, 2019: 426.

[10] Sandro Tosi.Matplotlib for Python Developers. Packt Publishing, 2009: 308.

[11] Fabio Nelli. Python Data Analytics: Data Analysis and Science Using Pandas, matplotlib, and the Python Programming Language. Apress, 2015: 350.

[12] Dodonov A., Lande D., Tsyganok V., et al. Information Operations Recognition. From Nonlinear Analysis to Decision-Making. LAP Lambert Academic Publishing, 2019: 292.

[13] Nirdosh Bhatnagar. Introduction to Wavelet Transforms. Chapman and Hall/CRC, 2020: 484.

[14] Ken Cherven. Mastering Gephi Network Visualization. Packt Publishing, 2015: 378.

[15] John W. Foreman. Data Smart, Using Data Science to Transform Information into Insight. Wiley, 2013: 432.

[16] Ian Robinson, Jim Webber, Emil Eifrem. Graph Databases. O'Reilly Media, 2013: 201.

[17] Onofrio Panzarino. Learning Cypher: Write powerful and efficient queries for Neo4j with Cypher, its official query language. Packt Publishing, 2014: 162.

[18] MongoDB: The Definitive Guide. Kristina Chodorow. O'Reilly Media, 2013: 432.

[19] Luc Perkins, Eric Redmond, Jim Wilson. Seven Databases in Seven Weeks: A Guide to Modern Databases and the NoSQL Movement. Pragmatic Bookshelf, 2018: 360.